남극 세종기지의 자연환경

남극

세종기지의 자연환경

펴낸곳 서울대학교출판문화원
펴낸이 이장무
지은이 장순근

초판 1쇄 인쇄 2010년 6월 25일
초판 1쇄 발행 2010년 6월 30일
출판등록 제15-3호

주소 서울 관악구 관악로 599 우편번호 151-742
대표전화 02-880-5252 **팩스** 02-888-4148
마케팅팀(주문 상담) 02-889-4424, 02-880-7995
이메일 snubook@snu.ac.kr
홈페이지 www.snupress.com
영문홈페이지 eng.snupress.com

ISBN 978-89-521-1096-1 93400

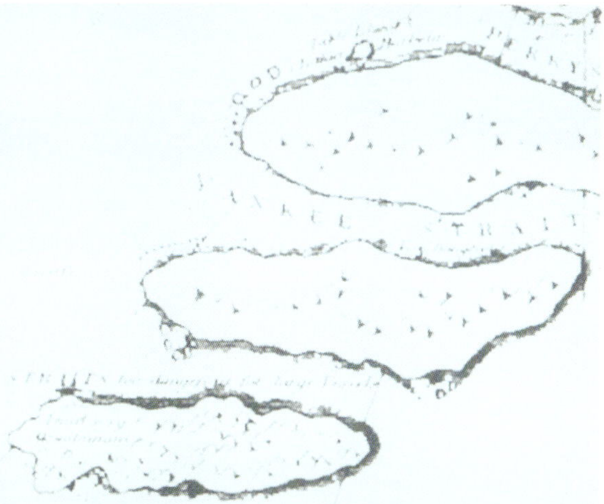

남극

세종기지의 자연환경

— 장순근 지음

서울대학교출판문화원

Natural Environments around King Sejong Station, King George Island, West Antarctica

Dr. Soon-Keun CHANG

2010

Seoul National University Press

머리말

"미지의 대륙, 남극 연구의 길을 내다"

지구 육지 면적의 9.2퍼센트를 차지하는 남극은 한반도의 62배가 넘고 중국의 1.4배가 넘는 광대한 대륙이다. 남극대륙의 거의 전부는 평균 2,000미터가 넘는 두꺼운 얼음으로 덮여 있으며, 평균높이가 2,500미터 정도로, 7대륙 가운데 가장 높다(평균고도가 800미터인 아시아 대륙이 두 번째로 높다). 남극의 기온은 낮아서 연평균기온은 −34°C이며, 기지 가운데는 연평균기온 −55.4°C에 남극 최저 기온인 −89.2°C가 측정된 곳도 있다.

전 세계 220개가 넘는 국가 가운데 현재 남극에서 겨울을 보내는 상주기지를 가진 나라는 우리나라를 포함하여 20개국에 지나지 않는다. 그만큼 남극에 기지가 있다는 것 자체가 국가의 자존심이자 국민에게는 자긍심을 가지게 하며, 과학자에게는 새로운 연구지역이자 연구재료가 된다.

우리나라는 박정희 대통령의 제안으로 1978/79년 당시 남빙양의 크릴을 시험 삼아 잡고 해양조사를 하면서 남극에 관심을 가지기 시작했다. 그 후 1985년 11월과 12월에 걸쳐 한국해양소년단연맹이 주관한 한국남극관측탐험대는 남극대륙의 최고봉인 빈슨 산괴山塊(4,897미터)를 등정하고 훗날 세종기지를 지을 첫걸음을 떼었다. 이어서 우리나라는 1986년 11월 28일 남극조약에 서른세 번째

로 가입했고 그 다음해 전두환 대통령이 기지건설을 결정하였다. 그에 따라 그 해 4월과 5월에 걸쳐 킹조지 섬에서 후보지 답사를 하고 다음해인 1988년 2월 17일 세종기지를 준공하였다. 그 후 매년 여름에는 하계연구대가 기지 주변과 바다를 연구하고, 월동연구대는 기지에서 1년을 넘기면서 기지 주변의 자연의 변화를 관찰하고 기록해 온다.

우리가 세종기지를 지은 다음 기지에서는 어떤 관찰을 했으며 무슨 변화가 일어났는가? 나아가 2014년 완공을 목표로 남극대륙에 건설하는 대륙기지를 위해서는 어떤 점을 준비하고, 대륙기지에서는 무엇을 어떻게 관찰하고 기록할 것인가? 이런 궁금증을 해결하기 위해 세종기지가 준공된 이후 기지 주변의 자연환경 변화와 사람의 영향을 종합해서 살펴보았다. 고층대기 변화와 오존층 감소는 기지 상공 높은 곳에서 일어나는 현상이지만, 기지에서 관측했으므로 이에 대해서도 다루었다.

우리나라에서는 이런 성격의 책으로는 처음이라 생각되어 두려움이 크다. 또 독자들이 남극의 자연환경과 세종기지를 어느 정도 안다고 믿고, 남극과 세종기지의 아주 기본이 되는 내용은 될 수 있는 한 설명하지 않았다. 나아가 과거의 졸

저와 겹치지 않도록 힘썼다.

이 책은 극지 연구에 참가했던 연구원들과 세종기지에서 연구했거나 월동했던 여러 사람들, 그리고 한국해양연구원에 부설된 극지연구소 연구과제(PE09010)의 도움을 받았다. 마지막으로 출판을 추천한 서울대학교 자연과학대학 지구환경과학부 최덕근 교수와 이 책을 출판한 서울대학교출판문화원에 깊은 고마움을 표한다.

2010년 5월 28일

한국해양연구원 부설 극지연구소 명예연구위원

장순근

차례

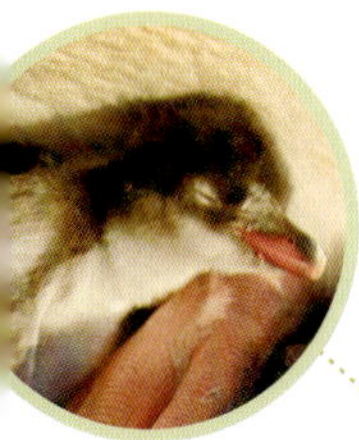

제 1 장

세종기지의 지리

세종기지는 서남극 사우스셰틀랜드 군도의 킹조지 섬에 있다. 서남극은 남극대륙에서 그리니치 본초자오선의 서쪽에 있는 남극으로 태평양과 남아메리카, 대서양의 서쪽 반과 마주본다. 남극반도의 북서쪽에 동북동-서남서 방향으로 비스듬하게 놓인 사우스셰틀랜드 군도는 문명세계에서 가깝고 상륙하기 쉬워서 일찍부터 많은 사람들이 찾아왔으며 연구기지도 많다.

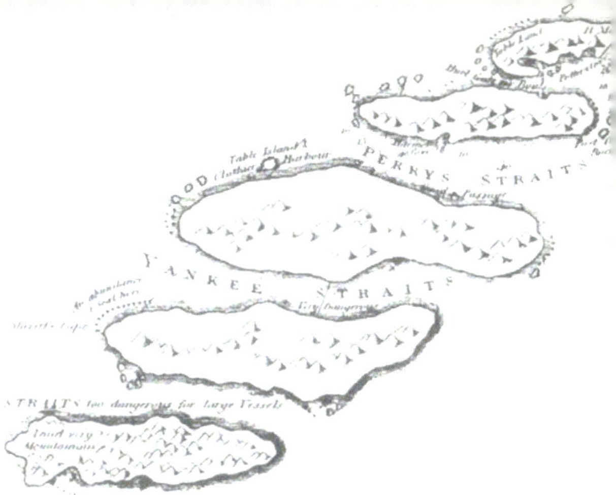

사우스셰틀랜드 군도

가장 먼저 발견돼

흔적들이 많아

킹조지 섬

사람이 올라갈 만해

기지가 많아

바튼 반도

평평하고 널찍해

사우스셰틀랜드 군도

가장 먼저 발견돼

사우스셰틀랜드 군도는 남극으로는 가장 먼저 1819년 영국인 윌리엄 스미스William Smith의 눈에 띄었다.[1] 이 섬들은 남반구에 있지만 영국 북쪽 북해北海에 있는 셰틀랜드 군도와 위도가 비슷하다고 해서 '사우스셰틀랜드 군도'라고 불렸다. 당시는 이른바 '발견하는 시대'로 주인이 없는 섬을 발견해 자기네 땅으로 하던 때였다.

남위 62도, 서경 58도를 중심으로 약 550킬로미터에 걸쳐 20개가 넘는 섬으로 이루어져 있는 사우스셰틀랜드 군도는 크게 북쪽 부분과 가운데 부분, 남쪽 부분으로 나눌 수 있다. 북쪽 부분에는 엘리펀트 섬과 클래런스 섬, 깁스 섬이 있고, 가운데 부분은 킹조지 섬을 비롯해 서남서쪽으로 넬슨 섬, 로버트 섬, 그리니치 섬, 리빙스턴 섬, 러기드 섬, 스노 섬, 디셉션 섬이 분포한다. 남쪽 부분에는 스미스 섬과 로 섬이 있다.

1. 윌리엄 스미스는 이곳을 남반구에 있는 새로운 영국이라는 의미로 '뉴사우스브리튼New South Britain'이라고 불렀다.

지질과 지형에 따라 험한 섬도 있고 그렇지 않은 섬도 있다. 스미스 섬은 길이 27킬로미터에 폭 8킬로미터인 작은 섬이지만 최고봉은 2,000미터가 넘어 아주 험하다. 반면에 스미스 섬에서 남동쪽으로 25킬로미터 정도 떨어져 있는 길이 14킬로미터에 폭 8킬로미터인 섬은 아주 낮아 이름도 로Low 섬으로 붙여졌다. 지형이 높고 험한 섬은 얼음과 눈으로 덮여 더욱 험한 반면에, 높이가 낮은 로 섬과 스노 섬, 넬슨 섬은 얼음으로 둥그스름하게 채워져 있어서 마치 대야를 엎어놓은 것처럼 보인다.

활화산活火山섬인 디셉션 섬에는 칼데라 호湖인 포스터 포구가 있어 20세기 초에는 고래잡이 기지가 되었고, 아르헨티나와 칠레, 영국의 상주 기지가 있었다. 그러나 1960년대에 화산이 몇 차례 폭발한 이후 모두 떠나고 여름에만 사람들이 찾아온다. 디셉션 섬은 화산 폭발의 흔적 때문에 남극반도로 오는 관광선이 찾는 유명한 관광지가 되었다.

사우스셰틀랜드 군도를 이루는 섬들의 해안은 대부분 암벽이나 빙벽으로 되어 있고 암초가 많아서 사람이 접근하기가 쉽지 않다. 넬슨 섬과 로버트 섬 사이의 넬슨 해협으로는 배가 지나갈 수 있으나 다른 해협들은 너무 좁고 암초가 많아 배가 지나갈 수 없다. 또 드레이크 해협 쪽 바다가 브랜스필드 해협

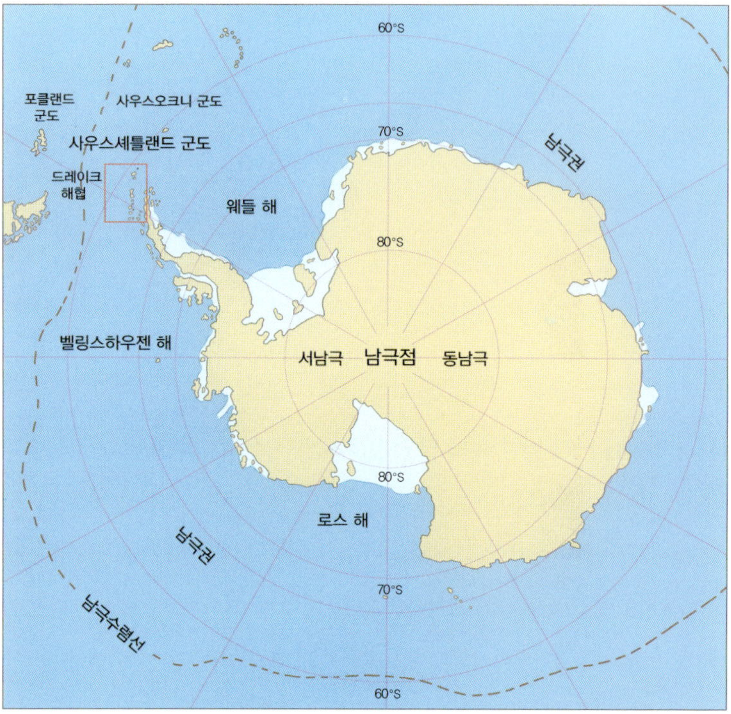

사우스셰틀랜드 군도에서 가장 큰 킹조지 섬에 세종기지가 자리하고 있다.

다른 섬에 비해 눈으로 많이 덮여 있지 않은 디셉션 섬

활화산 섬인 디셉션 섬. 1960년대에 화산이 폭발하면서 사람들은 떠나고 건물들만 남아 있다.

수증기가 피어오르는 디셉션 섬의 해안

쪽보다 더 험하다.

사우스셰틀랜드 군도 가운데 있는 섬들의 북쪽 해저에는 남쪽 해저에 비해 암초가 대단히 많아서, 큰 축척의 지도를 보면 암초가 모래알처럼 흩어져 있다. 한마디로 북쪽 해저가 험하고 얕다는 것이다. 군도 자체가 홀로세[2]에 들어서 북쪽으로 기울어져 물에 덮였기 때문이라고 판단되는데, 군도의 가운데 부분 전체가 기울어진 것은 지질과 깊은 관계가 있을 것이다.

2. 홀로세는 마지막 지질 시대로 1만 1,700년 전부터 현재까지를 가리킨다.

흔적들이 많아

사우스셰틀랜드 군도가 1819년에 발견된 이후 많은 사람들이 찾아왔는데 대부분 물개잡이였다. 당시 서양 사람들은 중국의 도자기와 차, 비단에 반했고 중국인들은 물개 가죽을 탐냈기 때문인데, 단기간에 물개가 대량으로 도살되면서 물개잡이 산업은 몇 년 만에 끝이 났다. 그 후에도 물개잡이 산업이 잠시 활기를 띠었으나 곧 스러졌다.

물개잡이가 사라진 다음에는 고래잡이들이 나타났다. 19세기 중반에 석유가 발견되기 전까지는 고래 기름이 조명과 약품, 비누를 비롯해 우리 생활에 절대 필요했고, 수염은 수염대로 뼈는 뼈대로 용도가 있어서 고래는 버릴 게 없는 동물이었기 때문이다. 북반구에 고래가 없어지자 고래잡이들은 남반구 대양으로 눈을 돌렸고, 남빙양의 고래마저 없어지자 1980년대부터는 고래를 보호하고 있다.

사우스셰틀랜드 군도는 일찍부터 알려졌으며, 문명세계에서 가깝고 남극으로는 얼음의 장애가 적어서 19세기부터 20세기 초에 걸쳐서 많은 탐험가들이 찾아왔다. 예컨대, 1819년부터 1821년까지 남극을 탐험했던 제정帝政 러시아 제1차 남극 탐험대의 벨링스하우젠Thaddeus Bellingshausen이 1821년 초에 찾아왔는데, 탐험대는 기함 보스토크*Vostok*(함장 T. 벨링스하우젠, 1778~1852) 호와 미르니*Mirnyi*(함장 M. 라자레프, 1788~1851) 호로 되어 있었다.

1819년부터 1823년까지 남극을 탐험해, 당시로는 가장 남쪽인 남위 74도 15분까지 내려갔던 영국의 남극 탐험가 제임스 웨들James Weddell(1787~1834)도 탐험 초기에 사우스셰틀랜드 군도를 찾아왔다. 남극 탐험 '영웅의 시대'(1895~1922)에 집단생존集團生存의 신화를 이룬 영국의 어니스트 섀클턴Ernest Shackleton(1874~1922) 경의 탐험대는 탐험선 인듀어런스*Endurance* 호가 얼

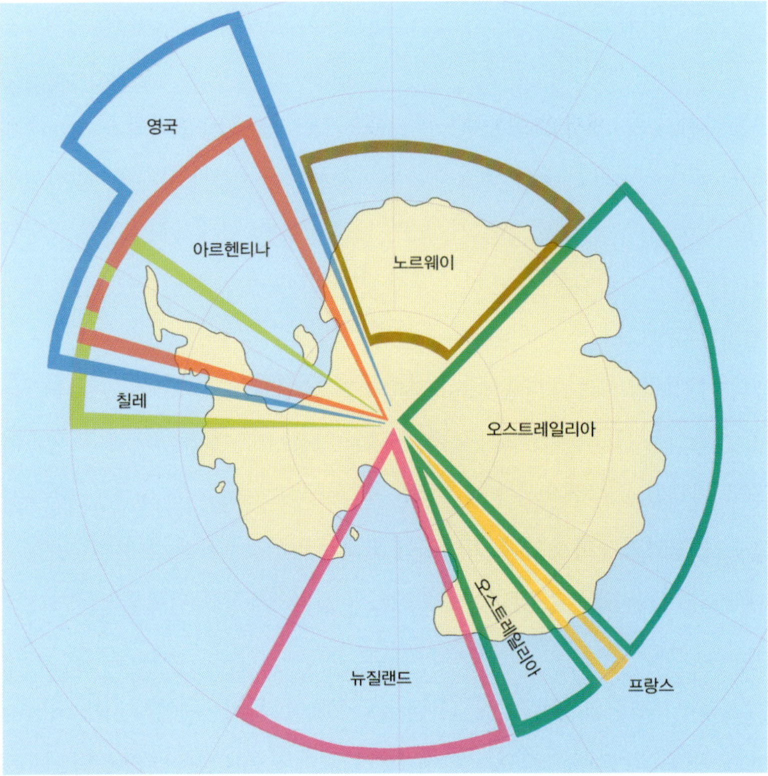

영국을 포함한 일곱 나라가 주장하는 남극 영유권. 남극반도는 영국, 칠레, 아르헨티나의 영유권 주장이 중복되는 지역이다.

음에 끼여 침몰된 다음 얼음 위에서 살다가 보트를 타고 1916년 4월 14일 엘리펀트 섬의 케이프발렌타인에 상륙한 다음, 17일 케이프윌드로 옮겨 8월 30일까지 구조선을 기다렸다.[3]

3. 섀클턴 일행의 남극대륙 종단은 실패로 돌아갔지만, 1914년 12월 5일 사우스조지아 섬의 고래잡이 기지를 출항한 이후 1916년 8월 30일 구조될 때까지 남극에서 634일 동안 견뎌냈고, 섀클턴과 27명의 대원 모두 무사히 귀환하여 '위대한 실패'라고 일컬어진다.

남극이 발견되고 탐험되면서 몇 나라가 영유권을 주장하기 시작하였다. 예를 들면, 영국은 서경 80도에서 20도, 칠레는 서경 90도에서 53도, 아르헨티나는 서경 74도에서 25도까지 영유권을 선언해, 모두 일곱 나라가 남극의 영유권을 주장하고 있다. 반면에 남극의 발견과 탐험에 많은 공로가 있는 미국과 러시아는 영유권을 주장할 명분도 충분하지만 자국의 영유권을 주장하지도 않고 다른 나라의 영유권도 인정하지 않고 있다. 한편 사우스셰틀랜드 군도를 포함한 서경 74도부터 53도에 이르는 남극반도 일대는 영국과 칠레와 아르헨티나의 영유권이 겹치는 곳이다.

1961년 6월 23일 발효된 남극조약에서는 과거의 영유권 주장에는 아무런 언급을 하지 않은 반면, 앞으로는 남극을 연구했다는 이유로 새로운 영유권 주장을 하지 못하도록 막아놓았다. 영유권을 주장하는 나라는 모두 마찬가지겠지만, 칠레의 경우 '남극은 칠레의 것'이라고 국민들을 교육시키는 것으로 보인다. 칠레로 이민을 가 그곳에서 초·중·고등교육을 받은 교민 청년을 몇 년 전에 만난 적이 있는데, 그 청년은 남극이 칠레의 것이라고 아주 태연하게 말했다. 그는 칠레가 아닌 다른 나라들이 남극 영유권을 주장한다는 말은 들어본 적이 없고 '남극은 칠레의 것'이라고 교육을 받았다고 했다.

1957년과 1958년에 걸친 '국제지구물리 해 IGY'를 전후로 하여 칠레와 아르헨티나는 남극 영유권을 강화하기 위해 사우스셰틀랜드 군도와 남극반도 일대에 기지와 은신처를 많이 건설했다. 한편 사우스셰틀랜드 군도와 남극반도 일대에는 군데군데 고래잡이 흔적과 탐험기지, 상륙 기념물이 있다. 예컨대, 디셉션 섬에는 온천이 있고 기름 탱크와 건물, 무덤 같은 고래잡이와 사람들이 떠난 연구 기지의 흔적이 있어 해마다 많은 관광객들이 찾아온다.

이처럼 사우스셰틀랜드 군도는 남극으로 아주 북쪽에 있어 문명세계에서 가깝고 상륙하기 쉬워서 일찍부터 사람들이 찾아왔으며 연구 기지도 많다.

또 남극반도의 서쪽 해안을 포함하여 사우스셰틀랜드 군도는 다른 곳에 비해 상당히 연구되었으며, 해마다 많은 사람들이 오가며 관광선을 포함한 선박과 비행기가 물자를 운반한다.

남극에 있는 월동 기지 가운데 가장 북쪽에 있는 기지는 사우스오크니 군도의 로리 섬에 있는 아르헨티나의 해군 기지인 오르카다스Orcadas 기지(남위 60도 44분 20초, 서경 44도 44분 17초)다. 이 기지는 원래 1902년부터 1904년에 걸쳐 윌리엄 브루스William S. Bruce(1867~1921)가 주관했던 국립 스코틀랜드 남극탐험대의 기지인 오몬드 하우스Omond House였으나 1905년 1월 아르헨티나에게 양여되었다. 그 후 아르헨티나 해군이 매년 월동을 해, 오르카다스 기지는 남극에 있는 기지 가운데 사람이 상주하는 가장 오래된 기지가 되었다.[4]

사우스셰틀랜드 군도를 포함한 남극반도는 남극에서도 지구가 더워지는 현상이 가장 두드러지게 나타나는 곳 가운데 하나다. 실제로 남극반도 일대는 지구의 평균보다 6배나 빨리 더워진다. 그중에서도 남극반도의 서쪽 해안과 섬 지방의 기온은 지구 전체 평균상승온도의 10배나 상승하였다. 또 남반구의 겨울 남극반도 서쪽의 결빙結氷된 지역이 1979년 이후 40퍼센트나 줄어들었다는 보고도 있다. 실제로 지금은 우크라이나 베르나드스키Vernadsky 기지가 된 영국 패러데이Faraday 기지(남위 65도 15분, 서경 64도 16분)에서는 1940년대부터 1990년대까지 50년 동안 연평균기온은 2.5°C 올라갔으며, 겨울 기온은 4.5°C나 상승하였다.

이러한 영향으로 바다를 덮는 두께 300~900미터의 두꺼운 얼음판인 빙붕氷棚도 줄어들고 있다.[5] 예컨대, 알렉산더 섬의 서쪽 해안에 있는 윌킨스Wilkins

4. 아르헨티나 정부는 그 사실을 자랑하려고 2005년 '(국민이) 남극에서 100년 (상주했다)'을 기념하는 우표를 발행했다.

빙붕은 경기도 면적의 1.4배에 달하는데, 2008년 3월에는 서울의 3의 2에 해당하는 면적이 부서졌다. 이어서 2009년 4월에는 남극반도에서 떨어져 나갔고 700제곱킬로미터로 뉴욕 크기만큼이나 깨어져 나가 앞으로는 자취를 감출 것으로 예상된다. 또한 남극반도 서쪽에 있던 워디Wordie 빙붕은 1990년대 초에 사라졌으며, 남극반도 동쪽의 라르센Larsen 빙붕도 2002년 2월에 깨어졌는데, 이런 현상은 앞으로 점점 더 자주, 더 큰 규모로 일어날 것이다.

남극대륙과 주변 남빙양은 얼음을 만들고 보관하고 퍼뜨려 생물과 기후에 영향을 준다. 예컨대, 해빙海氷에서는 크릴의 먹이인 얼음조류가 생장하며 얼음 위에서는 동물들이 살면서 새끼를 낳는다. 또 얼음은 햇빛을 반사하는 능력이 아주 크다. 이런 점에서 빙붕이 깨어지거나 바다가 얼지 않는 것은 단순히 얼음이 적어지는 게 아니라, 남극의 생태계와 바닷물의 흐름, 더 나아가 지구의 기후에 영향을 미친다는 점에서 가볍게 생각할 현상이 아니다.

5. 빙붕과 빙산은 어떻게 다를까? 육지의 얼음이 조금씩 흘러 내려 얕은 바다를 덮게 되는데 이것이 빙붕이다. 남극의 빙붕 가운데 가장 큰 것이 동남극과 서남극에 걸쳐 있는 로스Ross 빙붕인데, 넓이는 약 50만 제곱킬로미터로 한반도의 2배가 넘는다. 빙산은 바다를 떠돌며 바다 위로 드러나 있는 높이가 5미터가 넘는 얼음덩어리를 말한다.

킹조지 섬

사람이 올라갈 만해

킹조지 섬은 사우스셰틀랜드 군도의 가운데에 있는 가장 큰 섬이다. 길이 72킬로미터에 폭 27킬로미터로 제주도보다 작은 킹조지 섬의 면적은 1,338제곱킬로미터인데, 그중에서 얼음으로 뒤덮이지 않고 땅이 노출되어 있는 부분은 5퍼센트 정도다. 얼음의 두께는 평균 100미터(최대 326미터)이며, 얼음의 부피는 130세제곱킬로미터다. 섬의 가운데가 575미터로 가장 높고 70미터 두께의 얼음으로 덮여 있는데,[6] 언뜻 보면 몸집이 기괴한 네발동물이 웅크리고 있는 것처럼 보인다.

드레이크 해협 쪽인 킹조지 섬의 북쪽 해안선은 불룩하고 단조로운데, 해안 가까이에는 암초가 많고 빙벽과 암벽으로 되어 있어 사람들이 접근하기가

6. 섬의 길이와 폭, 노출된 면적을 제외한 수치는 1980년대 중반 폴란드 기지에서 얻은 스페인어로 된 브로슈어에서 인용했다. 훗날 얼음을 굴착했던 중국인들의 말에 따르면 최고높이는 700미터가 넘고, 미국 방위지도국 수로와 지형센터에서 1980년에 발간한 지도에는 686미터가 최고봉으로 되어 있다. 이렇게 수치가 각각 다른 것은 그만큼 남극은 인간의 손길이 닿기 힘든 곳이라는 점을 고려하면 이해가 될 것이다. 빙하가 후퇴하기 때문에 시간이 흐르면서 섬의 넓이는 줄어들지만, 얼음은 얇아져 노출 면적은 넓어질 것이다.

쉽지 않다.

반면에 브랜스필드 해협 쪽인 남쪽 해안은 피오르fiord가 많아서 북쪽 해안보다 훨씬 복잡하고 굴곡이 심하다. 예컨대, 킹조지 섬과 넬슨 섬 사이에 있는 큰 피오르인 맥스웰 만은 북서-남동 방향으로 폭 8킬로미터에 길이 20킬로미터로 발달해 브랜스필드 해협으로 열린다. 킹조지 섬 한가운데에는 폭 7킬로미터에 길이 18킬로미터인 애드미럴티 만이 있다. 그 동쪽에 있는 킹조지 만(폭과 길이 각 10킬로미터)과 셰라트 만(폭 13킬로미터, 길이 4킬로미터)이 큰 피오르인데, 큰 피오르에는 작은 피오르가 지류支流처럼 연결되어 있다. 콜린스 포구와 마리안 소만, 포터 소만이 맥스웰 만에 연결되어 있으며, 넬슨 섬의 에드겔 만도

세종기지가 있는 킹조지 섬. 현재 킹조지 섬에는 8개국의 상주기지 9개와 하계기지인 마추픽추 기지가 있다.

남극권의 북쪽에 있어, 24시간이 낮이거나 밤인 날은 없는 킹조지 섬. 사진은 겨울 우루과이 기지의 북동쪽으로 태양이 지는 모습이다.(제8차 월동연구대 이정수)

맥스웰 만으로 연결된 피오르다. 애드미럴티 만에는 에즈쿠라 협만峽灣과 맥켈러 협만, 마르텔 협만이 크고 작은 나뭇가지처럼 발달해 있다. 한편 맥스웰 만의 안쪽 끝인 필데스 반도의 동쪽 해안은 예외이지만, 대부분의 만과 소만의 안쪽은 얼음이 흘러내려 높고 낮은 빙벽氷壁을 이루고 있다.

사우스셰틀랜드 군도 가운데서도 킹조지 섬이 가장 큰데, 평지인데다가 수원水源도 있어서 발견된 이후 많은 사람들이 찾아왔다. 그중에서도 킹조지 섬의 남쪽 해안은 바위와 자갈로 되어 있어 사람이 올라가기에 무리가 없다. 서남서쪽 끝의 필데스 반도는 지형이 낮고 그런 대로 평탄하지만, 그 동북동쪽으로는 빙원氷原이 발달하며 높아진다. 킹조지 섬의 남쪽 해안에는 군데군데 땅이 노출되어 기지들이 들어섰다.

킹조지 섬은 사우스셰틀랜드 군도에서도 일찍 발견되어 고래잡이의 터전이 되었다. 킹조지 섬의 애드미럴티 만에는 1960년대까지 고래잡이 기지가 있었는데, 지금도 높은 곳이나 해안에는 그 흔적이 남아 있고 고래 뼈가 흩어져 있다. 또한 애드미럴티 만에는 폴란드 기지가 있으며, 경치가 좋아 관광지로도 알려져 있다.

킹조지 섬은 영국과 칠레, 아르헨티나의 영유권이 중복되면서 영국은 '킹조지 섬'이라고 부르며, 칠레는 그에 해당되는 스페인 말인 '이슬라 레이 호르헤Isla Rey Jorge'라고 부른다. 반면에 아르헨티나는 부에노스아이레스가 1810년 5월 25일 독립을 선언한 것을 기념해 '5월 25일 섬'이라고 부른다. 또 맥스웰 만은 영국의 이름이며 칠레는 '필데스 만'이라 부르고 아르헨티나는 '가르디아 만'이라고 부른다.

기지가 많아

킹조지 섬은 섬도 크고 자연도 덜 가혹하며 얼음의 방해를 가장 적게 받기 때문에 사람의 활동이 가장 많은 섬이 되었다. 예컨대, 영국 사람들이 1940년대 중반에 킹조지 섬에서 월동을 하면서 섬의 지도를 처음 만들었으며, 아르헨티나 사람들도 일찍부터 찾아와 1953년 말에 주바니Jubany 기지의 전신인 '포터Puller 은신처'를 개설했다. 주바니 기지는 아르헨티나 남극연구소가 주관한다는 점에서 군인이 주관하는 아르헨티나의 다른 기지와는 다르다.[7]

7. 주바니 기지는 1953년 11월 21일 해군사관 후보생 훌리오 타르타르Julio Tartar를 책임자로 하여 포터 은신처로 출발했으나 1982년 2월 12일 주바니 기지로 이름을 바꾸었다. 그래도 아르헨티나 정부는 2003년에 주바니 기지 건설 50주년을 기념했다.

2002년 겨울 러시아 벨링스하우젠 기지의 방위표(제15차 월동연구대 라승구)

1968년 2월 26일 러시아가 필데스 반도에 벨링스하우젠Bellingshausen 기지를 세우면서 기지다운 기지가 지어지기 시작하였다. 칠레가 1969년 3월 7일 러시아 기지 바로 옆에 프레이Frei 공군기지를 지었고, 이어서 폴란드가 애드미럴

고요한 칠레 기지(왼쪽 앞, 맨 오른쪽 뒤)와 러시아 기지(오른쪽 앞)

티 만의 서쪽 해안에 아르토스키Arctowski 기지를 1977년 2월 26일 준공하였다.

칠레는 1980년대 초 필데스 반도 해안에 가정집을 지어 공군장교의 가족이 생활하게 했고, 호텔과 활주로를 건설했으며, 몇 년 뒤에는 활주로를 확장했다. 한편 아르헨티나는 1952년 3월 31일 남극반도 끝에 있는 호프만에 준공한 에스페란사Esperanza 육군기지에 가정집을 지어 가족이 함께 살게 했다. 여기에서 1978년 1월 남극에서 처음으로 아르헨티나 국적을 가진 에밀리오 마르코스 팔마Emilio Marcos Palma가 태어났으며 이후에도 아이들이 태어났다. 또 1969년 10월 29일에는 남극반도 끝 동쪽에 있는 세이무어 섬에 공군기지인 마람비오Marambio를 준공한 뒤 활주로와 호텔을 건설하였다. 칠레가 아르헨티나처럼 하는 것은, 아르헨티나에 인접한 나라로서, 남극 문제나 정책에서 뒤처질 수 없다는 생각에서일 것이다.

브라질은 1984년 2월 6일 애드미럴티 만의 안쪽에 있는 켈러 반도에 코만단테 페라스Comandante Ferraz 기지를 지었으며, 우루과이는 1984년 12월 22일 아르티가스Artigas 기지를 러시아 기지 동북동쪽 3.5킬로미터, 곧 섬의 가운데

2009년 생활동이 신축되기 전의 세종기지. 주변의 바다가 얼었다.(극지연구소 최문영)

를 덮은 빙하가 필데스 반도에서 끝나는 지점에 준공하였다. 중국이 1985년 2월 20일 장성長城기지를 칠레 기지에서 남쪽으로 2킬로미터 떨어진 필데스 반도의 남쪽에 지었고, 이어서 우리나라가 1988년 2월 17일 세종기지를 바튼 반도에 지었다. 마지막으로 칠레남극연구소INACH는 1995년 2월 5일 에스쿠데로Escudero 기지를 건설해 칠레는 기지 2개를 보유하게 되었다.

현재 킹조지 섬에는 8개국의 9개 상주 기지가 있고, 이 외에 1989년 2월 26일 준공된 페루의 하계기지인 마추픽추Machu Picchu가 애드미럴티 만 안쪽 크레핀 포인트Crepin Point에 있다.

최근 세종기지 전경

아르헨티나 기지 옆에는 독일의 달만Dallmann생물실험실이 있고 폴란드 기지의 남쪽 보호구역에는 피터 레니Peter J. Lenie라는 미국 은신처가 있다. 또 에콰도르의 은신처가 애드미럴티 만의 동쪽 헨네킨 포인트Hennequin Point에 있다. 이 외에도 킹조지 섬과 넬슨 섬에 은신처 몇 곳이 더 있어서 여름에는 물자운반선과 관광선과 비행기의 출입이 잦다.

또한 맥스웰 만 일대에는 남극 탐험이나 특별한 일을 기념하는 사적지史蹟地도 있고, 애드미럴티 만 주변에는 기지에 있다가 죽거나 실종된 사람들의 무덤이 있다.

킹조지 섬은 사우스셰틀랜드 군도에서도 지구가 더워지는 영향을 많이 받는 곳 가운데 하나인데, 킹조지 섬 해안의 빙벽 후퇴가 그것을 증명한다. 섬을 둘러싼 빙벽 전체가 후퇴한다고 생각되지만, 피오르 안쪽에 발달한 빙벽에서 그 현상이 더욱 뚜렷이 관찰된다. 식물과 동물에서도 지구온난으로 인한 현상이 나타난다.

킹조지 섬에 기지가 많아지면서 펭귄이나 해표 같은 생물과 화석을 보호하기 위한 남극특별보호구역ASPA이 많이 생겼다. 이는 남극의 급격한 환경 변화에 대응하고 귀중한 연구재를 보호하기 위한 노력의 하나다. 남극특별보호구역에 들어가려면 자국의 남극연구위원회로부터 허가를 받아야 하며, 연구 목적 이외의 출입은 제한된다. 예컨대, 킹조지 섬에는 필데스 반도, 아들레이 섬, 아르헨티나와 폴란드의 기지 남쪽 해안, 킹조지 만의 서쪽 해안에도 남극특별보호구역이 있다. 2009년 4월 제32차 남극조약협의당사국南極條約協議當事國 회의에서 킹조지 섬 바튼 반도의 펭귄 군서지가 남극특별보호구역 제171호로 지정됨에 따라 우리나라는 펭귄 군서지에 대한 안내와 생태 보존 관리를 맡게 되었다.

킹조지 섬은 크기에 비해 기지가 아주 많은 곳인데, 2000년대 초 킹조지 섬 동북동쪽 해안의 터릿 포인트Turret Point에 기지를 지으려 했던 체코는 남극조약협의당사국들의 찬성을 얻지 못했다. 결국 체코는 2005년 초 칠레 해군의 도움으로 남극반도의 끝 동쪽에 있는 제임스로스James Ross 섬 북쪽 해안(남위 63도 48분 5.6초, 서경 57도 53분 5.6초)에 물자를 운반한 뒤, 2006년 3월 하계기지인 그레고르 요한 멘델Gregor Johann Mendel을 지었다.[8]

8. 오스트리아 태생으로 식물학자이자 수도사인 그레고르 요한 멘델(1822~1884)은 21세부터 체코 땅에 있던 수도원에서 4년 동안 수련했다.

바튼 반도

평평하고 널찍해

바튼 반도는 킹조지 섬의 서남서쪽에 있으며, 북동쪽만 얼음으로 덮여 있어 상당히 넓은 면적의 땅이 드러나 있다. 해안을 따라 상당히 넓은 지역이 평탄하며, 지금처럼 융기하기 전에는 바닷물로 덮여 있다가 지금은 오래전의 자갈들이 드러나 있다.

바튼 반도에서 가장 높은 봉우리인 노엘 봉(높이 266미터) 아래는 피오르 지형의 특징인 절벽으로 되어 있는데, 겨울 동안 절벽에 얼음과 함께 얼어붙어 있던 돌덩이가 봄이 되면 깨어져 내린다. 노엘 봉은 상당히 험준하며 현무암과 안산암으로 되어 있다(현무암과 안산암은 화산암이다). 그러나 노엘 봉은 그 서쪽으로 500미터 떨어진 곳에 있는 높이 252미터의 세종봉에 가려 우리 기지에서는 보이지 않는다.

화강섬록암[9]으로 된 세종봉은 지형학에서 말하는 이른바 서크cirque(얼음에

9. 화강섬록암은 성분과 조직이 화강암과 섬록암의 중간인 바위이며, 섬록암은 화강암에 많은 석영石英이 거의 없는 바위다.

기지 남쪽 바튼 반도의 남해안. 위의 사진에서 왼쪽으로 멀리 보이는 봉우리가 아르헨티나 주바니 기지 옆의 삼형제 봉이다.

의해 둥글게 파인 지형)이며, 그렇게 험준하지는 않다. 세종봉은 화산재와 용암이 평평하게 쌓인 다음 뚫고 들어온 안산암으로 이루어졌는데, 그 후 북서쪽 부분이 우묵하게 침식되어 지금은 비스듬하게 놓인 움푹한 그릇처럼 보인다.

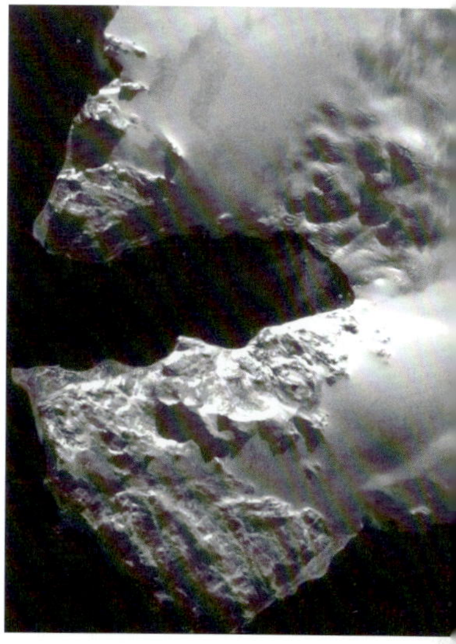

2002년 4월 29일 아리랑 인공위성에서 본 바튼 반도와 마리안 소만과 위버 반도. 세종기지는 사진의 아래에 있는 바튼 반도의 왼쪽 끝에 있다. (한국항공우주연구원)

바튼 반도는 넓고 평탄하며 낮은 평지에는 수원水源도 좋지 않아, 현재 세종기지에 '세종호'라고 부르는 크지 않은 호수가 있을 뿐이다. 그러나 높은 곳에는 웅덩이가 군데군데 있으며, 여름에는 눈 녹은 물이 흘러가는 개울도 생긴다.

바튼 반도의 서쪽은 맥스웰 만이며 맥스웰 만 건너에는 넬슨 섬이 있다. 기지의 북쪽 바다인 마리안 소만은 폭 1킬로미터에 길이 3킬로미터 정도로 남서·북동 방향으로 발달해 있는데, 북동쪽 끝에는 높이가 10~20미터 되는 빙벽이 1킬로미터 정도 뻗어 있다.

바튼 반도에서 마리안 소만을 건너면 땅이 상당히 넓게 노출되는 위버 반도가 나타난다. 반면에 바튼 반도의 남쪽에 있는 포터 소만을 건너면 아르헨티나 기지가 있는 포터 반도에 이른다. 포터 반도에는 화산학火山學에서 말하는 암경岩頸인 '삼형제봉'이 있어 좋은 표지가 된다.

해도를 보면 마리안 소만이 상당히 깊어 배가 정박하기에 썩 좋은 곳이 아님을 알 수 있다(반면에 포터 소만은 그렇게 깊지 않다). 이런 이유들 때문인지 바튼 반도에는 세종기지가 건설되기 전까지는 기지가 들어서지 않았으며 은신처도 없었다. 다만 아르헨티나의 항해용 표지가 약간 높은 해안에 있었을 뿐이다.[10]

바튼 반도의 서쪽 끝 널찍한 평지에 건설된 세종기지의 뒤쪽으로는 지형이

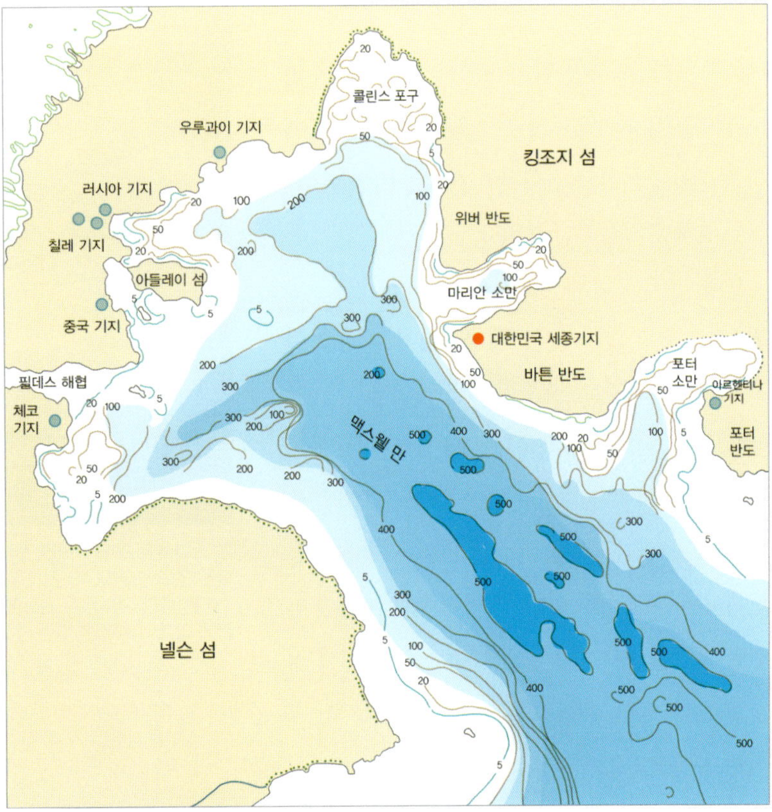

세종기지 주변의 수심

높아진다. 그 남쪽 해안에서는 젠투펭귄·턱끈펭귄과 여러 종의 새가 번식한다. 펭귄들이 번식하는 남쪽 해안을 따라 평지가 있으며 그 해안의 동쪽 끝에는 바위와 자갈이 얼음에 깎여 흘러내린다. 기지 주변에는 지의류와 이끼가 많고, 남쪽 해안에는 남극좀새풀이 많이 생장하며 고래 뼈가 간간이 흩어져

10. 세종기지의 후보지를 답사했던 1987년 4~5월에 서 있던 이 나무 표지는 기지를 지을 때 없어졌다. 그 후 그 자리에 대용물로 세운 철 기둥이 1994/95년에는 서 있었으나 그 후 없어졌는데, 2008/09년 여름 아르헨티나 해군 선박이 이 표지를 찾았다.

코끼리해표와 턱끈펭귄이 모여 있는 기지 남쪽 펭귄 군서지의 해안

있다. 또 해표와 남극물개가 자주 모습을 드러낸다.

세종기지에서 노엘 봉 뒤쪽으로 북동쪽의 빙원을 지나면 필데스 반도와 칠레 기지의 공항으로 연결되지만, 얼음이 갈라져 생긴 틈인 크레바스crevasse가 많아서 위험하다. 그래서 기지에서는 고무보트로 맥스웰 만을 가로질러 필데스 반도를 오간다.

지구가 더워지면서 마리안 소만과 포터 소만의 빙벽이 후퇴하여 빙원은 줄어들고 바튼 반도와 포터 반도는 점점 더 많이 노출된다.

제 2 장

세종기지 부근의 하늘과 땅과 바다

남극의 세종기지에서는 우리나라에서 보기 힘든 하늘과 땅을 볼 수 있고, 해안과 바다에서 일어나는 신기한 현상을 볼 기회가 있다. 땅은 거의 자갈로 덮여 있고 심한 눈보라가 몰아치며, 때로는 바다가 얼기도 하는 그곳에는 우리가 사는 북위 37도와는 다른 하늘과 땅과 바다가 있다.

파랗고 높은 하늘

남극권의 북쪽이라
보기 힘든 새파란 하늘은
오존층이 얇아져
고층대기는

그렇게 춥지 않은 날씨

폭풍설이 무섭게 불어
기온이 낮아
바람이 세어
상당히 건조해

신기한 얼음

얼음과 빙산은
빙벽이 후퇴해
얼음으로 덮인 크레바스는
바다가 얼어

바위와 자갈인 땅

기지 부근의 지형은
기지 부근의 지면은
기지 부근의 해안은
기지 부근의 바위와 화석은

차갑고 무서운 바다

기지 부근의 바다는
연중 바닷물은
한여름 바닷물은
기지 부근의 해저는
해면이 상승하면

파랗고 높은 하늘

남극권의 북쪽이라

밤과 낮이 있어

'남극'이라는 말을 들으면 흔히 '여섯 달은 낮이고 여섯 달은 밤인 곳'을 떠올리는 사람들이 있을 것이다. 그러나 그것은 남극점, 곧 남위 90도에서나 볼 수 있는 현상이다. 남위 62도 13분, 곧 남극권(남위 66도 33분)의 북쪽에 있는 세종기지에는 하루 종일 낮이나 밤인 날은 없고 낮과 밤이 모두 있다. 대신에 남반구의 하지인 12월 21일을 전후로 낮이 가장 길어서 20시간에 달하며, 동지인 6월 21일을 전후로 밤이 가장 길어서 해가 떠 있는 시간은 5시간 정도밖에 되지 않는다.

하지인 12월 21일에는 해가 오전 2시 57분에 떠서 오후 10시 49분에 진다. 낮 길이는 가장 길어 19시간 52분에 달하며, 남중南中시각[1]은 11시 54분

1. 북반구와는 달리 남반구에서는 태양이 머리 위 가장 높이 떠오른 방향은 북쪽이다. 그러므로 남중이라는 말은 올바르지 않다고 생각된다. 단지 북중北中이라는 말이 없기 때문에 이 말을 썼다. 한마디로 태양이 가장 높이 떠오른 때를 말한다.

이다. 가장 높게 떠올랐을 때 태양의 고도는 51도 10분이지만, 그것보다 훨씬 더 높아 보인다. 일출각도는 152도이며 일몰각도는 208도다.[2] 하지 무렵에는 한밤중인 오전 1시에도 전등을 켜지 않고 신문을 볼 수 있다.

추분인 3월 21일에는 해가 오전 5시 56분에 떠서 오후 6시 7분에 지기 때문에 낮 길이는 12시간 11분에 달한다. 남중시각은 12시 2분이며, 이때 태양의 고도는 23도 27분이다. 일출각도는 91도이며 일몰각도는 269도다.

동지인 6월 21일에는 해가 오전 9시 25분에 떠서 오후 2시 28분에 진다. 낮 길이가 가장 짧아 5시간 3분이며, 남중시각은 11시 57분이다. 이때 태양의 고도는 4도 16분이지만 그렇게 낮다는 생각은 들지 않는다. 일출각도는 34도이며 일몰각도는 326도다. 동지 무렵에는 아침과 저녁은 어두울 때 먹지만, 7월 초순을 넘어 중순에 들어서면 하루가 다르게 낮이 길어져서 8월 초만 되어도 낮이 짧다는 생각이 들지 않는다.

춘분인 9월 22일에 해는 오전 5시 41분에 뜨고 오후 5시 53분에 져서 낮 길이는 12시간 12분이다. 남중시각은 11시 48분이며, 태양의 고도는 춘분 때와

2. 일출 · 일몰 각도는 방위각인데, 방위각은 북쪽이 0도이고 시계방향으로 돌아가면서 커진다.

같다.

해가 뜨고 지는 시각은 해가 수평선 위에 나타나고 수평선 아래로 지는 시각을 말하는데, 기지는 산과 섬으로 둘러싸여 있어서 해는 늦게 나타나 일찍 사라진다. 그러나 여명과 황혼이 있어 해가 뜨기 전이나 해가 진 다음에도 상당한 시간 동안 어둡지 않다.

해가 뜨고 지는 자리가

일출각도와 일몰각도에서 보듯이, 계절에 따라 해가 뜨고 지는 위치가 바뀐다. 그러나 북반구인 우리나라와는 달리, 하지에는 태양이 가장 남쪽에서 뜨고 동지에 가까이 갈수록 (남쪽이 아닌) 북쪽으로 올라간다. 그러므로 여름에는 아주 이른 새벽에 여명이 밝아지고 태양이 기지 남쪽에 있는 산 뒤에서 일찍 뜨기 때문에 큰 결심을 하지 않으면 일출을 보기 어렵다. 세종봉의 대단히 오른쪽, 즉 아주 남쪽에서 뜬 태양은 고도를 높여 맥스웰 만 높게 머리 위를 지나 시간을 끌면서 넬슨 섬 위로 간다. 또 태양이 넬슨 섬의 빙원 뒤로 내려가도 밤늦도록 남쪽 하늘이 밝고 가끔 아름다운 황혼이 생겨, 태양이 아주 남쪽으로 진다는 것을 알 수 있다.

추분에 가까이 갈수록 태양이 늦게 떠서 일찍 지기 때문에 낮이 짧아지고 태양의 고도도 낮아지며, 뜨고 지는 곳은 북쪽으로 올라간다. 마침내 추분에는 세종봉 바로 뒤에서 떠서 필데스 반도의 중국 기지 뒤쪽으로 진다. 추분을 지나 동지에 가까이 갈수록 태양은 추분보다 더 늦게, 더 북쪽에서 떠서 더 일찍, 더 북쪽에서 진다. 고도도 더 낮아져 그림자도 더 길어진다. 마침내 6월 21일 동지에는 (마리안 소만의 북쪽) 위버 반도에 있는 서울봉의 동쪽인 오른쪽 능선에서 떠 몇 시간 있다가 우루과이 기지 오른쪽 빙원 위로 진다.

아주 북쪽으로 올라간 태양이 위버 반도에 있는 서울봉의 오른쪽에서 뜨는 1995년 한겨울 풍경

동지가 지나면 태양은 조금씩 남쪽으로 내려가고 더 일찍 뜨고 더 늦게 져서 마침내 춘분이 되면 추분과 거의 같은 시각에 같은 위치에서 뜨고 진다. 그러나 흐린 날이 많아서 해가 나타나고 사라지는 정확한 위치나 시간을 알기는 어렵다.

위 • 거울에 비친 듯한 세종기
(제19차 월동연구대 조환성)

옆 • 1991년 겨울 얼어붙은 마
만 위에서 빙벽을 촬영하는 제4
연구대원

보기 힘든 새파란 하늘은

아주 아름답지만

세종기지는 바닷가에 있어서 흐린 날이 많기 때문에 파란 하늘을 보기가 어렵지만, 한겨울 눈보라가 그친 다음 날 아침에는 예외 없이 새파란 하늘에 눈부신 태양이 나타난다. 월동할 때 그런 날이면 일을 잠시 접어두고 아름다운 날씨를 한껏 즐기곤 했다. 여름에도 약한 눈보라가 지나간 후에는 새파란 하늘과 찬란한 태양을 볼 수 있지만, 기온이 높고 낮이 길고 눈이 없어서인지 겨울 같은 아름다움을 느끼기는 힘들다.

맑은 날, 세종기지에서 바라본 하늘은 정말 아름답다. 예컨대, 한여름 넬슨섬의 미끈한 빙원 뒤로 해가 질 때, 진노란색이 덜 노란 구름과 적절히 섞인 황혼은 그렇게 아름다울 수 없다. 순간순간 태양의 빛과 위치가 변해서 지구가 돌고 있다는 사실을 알 수 있다. 구름이 아주 두꺼우면 황혼을 볼 수 없지만, 그렇지 않으면 구름이 태양빛에 절묘하게 반사된 분홍색 황혼이 하늘 높은 곳에 켜켜이 생겨 보기 드문 아름다운 광경을 연출한다.

여명도 황혼만큼이나 아름답지만, 이른 새벽에 나타나고 새벽의 날씨가 저녁보다 좋지 않아서인지 황혼처럼 자주 본 기억은 없다. 그러나 마리안 소만의 빙벽 위로 펼쳐지는 굉장히 아름다운 여명이 보이는 수가 있다. 다음 페이지에 상단에 있는 여명 사진은 겨울이라 생각되는데, 문자 그대로 '불타는 여명'이자 '이글거리는 여명'으로 진노란색과 붉은 주황색이 어울려 지극히 아름다운 광경을 만들고 있다.

구름이 적당히 있고 기온이 낮아 구름이 얼음결정을 이룰 때 황혼과 여명은 더욱 아름다운 자태를 드러낸다.

위 • 세종기지의 불타는 여명
연구소)

옆 • 1995년 한겨울 태양이 진
황혼(제8차 월동연구대 이정수)

황혼이 아름다우면

"저녁 때 황혼이 아름다우면 다음 날 날씨가 좋다."라는 우리 속담처럼 남극 세종기지에서도 황혼이 예쁘면 다음 날 날씨가 좋은 경우가 많다. 그래서 저녁 때 황혼이 아름다우면 다음 날은 기지에서 꽤 멀리 가도 괜찮다. 그러나 높은 하늘의 황혼은 아름답지만 지면에서 가까운 하늘이 구름에 가려 시커멓고 어둡다면, 다음 날 좋은 날씨를 기대하기는 어렵다.

남극대륙 탐험기를 보면 태양처럼 보이는 가짜태양, 곧 환일幻日을 몇 개나 보았다는 기록이 있지만, 세종기지에서 환일이나 환월幻月, 붉은빛과 누런빛이 수직으로 선 '해기둥'을 본 적은 없다. 이런 현상은 얼음 위에서만 생기기 때문인데, 한겨울 날씨가 좋을 때 기지를 벗어나 사방이 완전히 빙원인 곳에 가면 그런 현상을 볼 수 있을지 모른다.

한편 네 차례나 월동을 했지만 오로라를 본 적도 없고 다른 대원들이 오로라를 보았다는 말도 들은 적이 없다.[3] 세종기지는 대단히 북쪽에 있어서 오로라가 잘 생기는 지역에서 멀리 떨어져 있고, 바다 옆에 있어서 흐린 날이 아주 많기 때문이다. 그러나 태양의 활동이 대단히 강하고 날씨가 좋다면 오로라를 볼 수도 있을 것이다.

3. 오로라는 태양풍이 세고 그 방향이 지구 자기장 방향과 같을 때 뚜렷해진다. 오로라가 자주 나타나는 곳은 남위 78도 30분, 동경 111도의 지자기 남극점을 중심으로 반지름 2,500~3,000킬로미터인 원형 지대인데, 이곳을 '오로라지대'라고 부른다. 그중에서도 동남극 거의 전 지역과 서남극의 남쪽 지역에서는 거의 매일 밤 오로라가 나타난다.

오존층이 얇아져

봄에 얇아지지만

하늘 높은 곳에는 우주 공간에 있는 유해한 입자에 대항해 생물들을 보호하는 몇 개의 띠가 있다. 만약 그런 보호장치가 없다면 지구상에서 생물이 살 수 없다. 밴앨런대Van Allen belt가 아주 높은 하늘에서 생물을 보호한다면, 그에 비하면 아주 낮은 지상 20~25킬로미터의 하늘에서 생물을 보호하는 물질이 바로 오존O_3층이다. 오존층은 태양 자외선 가운데 생물에게 해로운 자외선-B를 막아 준다.[4]

10월의 오존양은 1950년대 중반부터 계속 떨어졌다. 예컨대, 1955년 10월의 오존양은 325돕슨단위였으나 1990년에는 130돕슨단위로 떨어졌다. 게다가 오존의 양이 일정한 속도로 감소한 것이 아니라 1970년대 중반 이후 급격히 감소하여 그만큼 사람들이 오존층을 파괴하는 물질을 많이 썼음을 보여 준다.

남극에서 봄이 되면 오존양이 갑자기 줄어든다는 것은 일본 소화昭和기지와 영국 핼리Halley 기지에서 1983~1984년에 측정했는데, 일본 학자들은 이를 해석하지 못해서 오존양 감소를 발견한 것은 온전히 영국 과학자들의 업적이 되었다. 이처럼 국가 간 학문 경쟁은 눈에 보이지 않지만 아주 뜨겁다.

세종기지에서는 1995년부터 오존의 양을 측정해 왔는데 그 결과는 남반구의 봄에 오존층이 더욱 뚜렷이 약해지는 현상을 잘 보여 준다. 곧 1995년 1월부터 2001년 12월까지 오존양을 측정한 결과를 보면, 9월에 237돕슨단위(오존의 양을 측정하는 단위)로 최소가 되며 곧 회복되기 시작해 12월에 303돕슨단위

4. 파장이 280nm보다 짧은 자외선-C는 생물에게 아주 해롭지만 대개 공중에서 흡수되고, 파장이 280~320nm인 자외선-B가 지상에 도달해 생물에게 해를 끼친다.

파랗고 높은 하늘(기상청 정강아)

로 최대가 된다(2001년에 세종기지에서 측정한 오존 전량은 부록의 그림 1 참조). 계절별 평균오존양은 당연히 여름에 높고 겨울에는 낮다. 또 10월의 오존값이 가장 크게 변했으며 3월에 가장 변화가 없었다. 세종기지에서 오존양이 가장 적었던 때는 125돕슨단위를 기록한 1998년 9월 29일이다.

생물에게 나빠

오존층이 얇아지면 자외선이 강해져 땅 위에 있는 생물에게 좋지 않은 영향을 끼친다. 예컨대, 미국 식물학자들이 킹조지 섬에서 남서쪽으로 수백 킬로미터 정도 떨어진 앙베르 섬에 있는 미국 파머Palmer 기지에서 1995/96년부터 4년간 야외에서 연구한 결과를 보면, 남극좀새풀*Deschampsia antarctica*은 여름에 하루 동안 0.02~0.06밀리미터 자라는데 자외선을 줄여주면 0.03~0.08밀리미터나 큰다. 남극개미자리*Colobanthus quitensis*는 남극과 같은 환경에서는 하루에 0.05~ 0.07밀리미터 자라는데 자외선을 줄여주면 0.07~0.10밀리미터나 큰다. 결국 자외선에 노출되면 충분히 자란 잎의 크기도 작고 수명도 짧아지며, 가지도 덜 나고 식물 전체의 크기도 작아진다.

자외선의 영향은 해조류에도 나타나는데, 자외선을 오래 받을수록 피해가 커진다. 곧 2001년 세종기지에서는 홍조류인 쿠르디에아*Curdiea*와 기가르티나*Gigartina* 종을 자외선을 차단한 경우와 자외선에 노출시킨 후 광합성 결과를 비교하는 실험을 하였다. 그 결과를 보면 30분에서 2시간 정도 자외선에 노출시키면 광합성 능력이 조금 떨어졌으나, 3시간 동안 노출시키면 27퍼센트 넘게 떨어졌다. 갈조류인 이리다에아*Iridaea*는 자외선에 30분 정도 노출하면 광합성 능력이 10~15퍼센트 정도 떨어졌으며, 1시간 넘게 노출하면 30~40퍼센트 정도 떨어졌다.

같은 홍조류라도 종에 따라서 광합성 능력이 감소하는 정도가 달랐는데, 예를 들어, 홍조류의 일종인 팔마리아*Palmaria*는 자외선에 30분 노출시켰을 때의 감소량이 다른 홍조류의 2시간 노출과 거의 같았다(2시간 넘게 노출시키면 광합성 능력이 70퍼센트 정도 떨어졌다). 물론 자외선에 노출한 시간이 길수록 회복하는 데에도 오랜 시간이 걸리고, 자외선에 노출한 시간이 어느 한계를 넘으면 원래의 상태로 회복되지 못했다.

12월 하지 정오 무렵 태양의 고도가 최대일 때는 세종기지의 자외선지수는 4.4다. 또 한여름 기지에서는 서울보다 자외선이 더 강하다. 세종기지에서 자외선이 강한 이유는 남극의 공기가 워낙 깨끗해 자외선을 거의 막지 못하기 때문인 것으로 생각된다. 물론 세종기지는 열대 적도보다 자외선이 약하긴

하지만, 자외선 차단 크림을 바르거나 옷을 입어 보호하는 것이 바람직하다. 매년 남극으로 가는 사람들의 얼굴이나 손등에 있는 검은 점은 오랜 시간이 지난 다음에는 피부암으로 발전할 수 있다는 피부과 전문의의 말을 새겨들어야 한다. 곧 오존이 1퍼센트 줄어들면 자외선의 양이 2퍼센트 증가하는데, 이에 따라 피부암 발생률이 4퍼센트 증가하며 백내장이 0.6퍼센트 더 생긴다는 주장이 있기 때문이다.

고층대기는

우주시대를 대비해야

지면에서 80킬로미터에서 수백 킬로미터에 되는 곳의 고층대기는 태양과 지구자기의 영향을 곧장 받고, 지면보다는 덜하지만 바람이 분다. 고층대기 연구가 중요한 것은 인공위성이 고층대기의 밀도나 바람, 전자와 이온의 영향을 받기 때문이다. 고층대기의 온도에 따라 고층대기의 밀도가 변하는데, 밀도의 변화는 인공위성의 궤도에 영향을 미친다. 나아가 강력한 지자기의 변화는 전자 밀도에 영향을 주기 때문에 위성을 이용하는 지상의 통신이 끊기는 수가 있고, '우주의 시대'가 될 21세기에 우리도 인공위성을 궤도에 올려놓아야 하기 때문에 고층대기에 관한 자료가 필요하다.

세종기지는 남위 62도 13분에 있지만 지구자기를 중심으로 하면 훨씬 남쪽인 남위 50.7도에 있다. 이런 위치는 남반구에서는 아주 중요한데, 그 이유 가운데 하나가 문명세계가 주로 북반구에 있어 북반구에서 관측한 값은 많지만, 남반구에서는 고층대기를 관측한 곳이 많지 않기 때문이다.

이런 내용을 잘 아는 미국 뉴욕 주 올버니대학교의 교수였던 김재수 박사는 세종기지에서 고층대기를 관측하기 위해 1989년 초 당시 이름도 낯설었던 패브리-페로 간섭계Fabry-Pérot Interferometer를 기지에 설치하면서 고층대기 관측의 문을 활짝 열었다. 당시 예순이 넘은 김 교수가 인도인 조수와 함께 방한복과 방한화도 없이 외투에 운동화를 신은 채 장비를 설치하던 모습이 지금도 눈에 선하다.

패브리-페로 간섭계는 지상 250킬로미터 상공의 산소가 내는 특별한 파장의 빛을 관측하여 그곳의 바람과 온도를 추정한다. 간섭계로 고층대기를 북-천정-남-동-천정-서쪽의 여섯 방향에서 관측하며, 한 방향을 관측하는 데 필요한 시간은 3분에서 10분 정도다.

하늘에 떠 있는 구름의 양이 하늘 면적의 8분의 3보다 적은 어두운 밤에 관측하는 것이 원칙이기 때문에 관측할 수 있는 날이 많지 않고, 기지 부근의 하늘에서는 구름이 아주 빨리 움직이고 안개나 구름이 갑자기 생겨서 어려움이 많다. 게다가 기기를 덮은 투명한 돔의 안쪽에 물방울이 맺히거나 바깥쪽에 눈이 덮이면 관측하기 어렵다. 돔 안쪽에 물방울이 맺히는 것을 방지하기 위해 온풍기를 설치했지만 기온이 -10°C 아래로 떨어지거나 갑자기 기온이 낮아지면 이런 방법으로도 막기 힘들다.

고층대기는 하늘이 맑은 날 밤에만 제대로 관측할 수 있어서 관측 자료가 많지 않다. 예컨대, 1989년에는 시험과 실제 측정을 모두 33회 했으나 1997년에는 15일을 관측했을 뿐이다. 1997년의 분석 결과를 보면 고층대기의 온도는 겨울에는 여름에서 겨울로 바뀌는 환절기보다 300K 낮아졌다가 봄이 되면서 다시 올라갔다(켈빈온도(K)는 273.15K가 0°C이다). 월동연구원은 그 이유를 지구자기로는 세종기지가 중위도中緯度에 속하므로, 자기장보다는 태양 자외선 때문이라고 해석했다.

패브리-페로 간섭계가 낡아져 1990년대 말에 폐기하고 마이컬슨 간섭계

Michelson Interferometer를 설치하여 열권 하부와 중간권의 온도와 파동 현상을 관측하기 시작했다. 이 간섭계는 2002년까지 세종기지에서 쓰이다가 북극 다산기지로 옮긴 후 대기광분광계大氣光分光計가 설치되었다. 대기광분광계도 고층대기의 온도를 측정한다. 한편 대부분의 자연환경 연구와 마찬가지로 고층대기 연구도 오랜 기간 관측해야 믿을 만한 결과를 얻을 수 있다.

지구가 더워지면서

우주에서 매일 수천 개의 혜성이나 소행성 같은 덩어리들이 지구로 떨어진다. 6,550만 년 전 지구로 떨어지는 그런 덩어리에 맞아 땅 위의 공룡과 하늘의 익룡, 바다 속의 암몬조개가 멸종되었다는 설은 설득력 있게 들린다. 오늘날에도 혜성 같은 덩어리들이 날아오지만, 고층대기 속으로 떨어지면서 대부분은 대기의 입자들과 충돌하여 타서 없어진다. 이때 생기는 열로 대기 구성 성분의 일부가 이온이 되어 유성의 꼬리를 만든다. 지상에서 보내는 극초단파의 파동이 이 꼬리에서 반사되는데, 이를 특별한 유성 레이더로 관찰함으로써 열권 하부와 중간권의 바람과 온도를 알 수 있다. 이 관찰은 하루 24시간 동안 쉬지 않고 할 수 있어 아주 유리하다.

고층대기를 연구하는 것은 여러모로 유용한데, 그중에서 지구온난화 같은 기후 변화를 감시할 수 있고, 인공위성 운항에 필요한 고층대기의 밀도를 알기 위한 온도 자료를 얻을 수 있다는 것을 들 수 있다.

250년 전에 산업혁명이 시작되면서 배출되기 시작한 이산화탄소와 20세기 들어 배출된 산화질소와 염화불화탄소 같은 이른바 온실가스 때문에 최근 지구의 온도가 상승하고 있으며, 이러한 지구온난 현상이 고층대기에 영향을 미친다.[5] 곧 온실가스 가운데 이산화탄소가 고층대기를 만드는 입자로부터 열을 빼앗아 빛의 형태로 방출하여 고층대기의 온도를 낮춘다. 게다가 고층대기는 밀도가 아주 작아(곧 대단히 희박해) 온도가 낮아지는 효과는 아주 크다.

이산화탄소가 대기의 온도를 낮춘다는 것은 금성金星의 경우를 보면 쉽게 이해된다. 곧 태양에서 가깝고 대기가 주로 이산화탄소로 된 금성의 대기권 온도는 지구의 대기권보다 엄청나게 높아 450°C나 된다. 그러나 고층인 열권의 온도는 지구의 온도보다 훨씬 낮아 -100°C보다 낮다.

온실가스가 고층대기의 온도에 영향을 준다는 것은 1989년에 예언되었고 지금은 그것을 확인하는 단계다. 실제 티로스 위성에서 관찰한 지상 60킬로미터 상공의 온도는 1980년부터 1990년까지 248K에서 245K 미만으로 낮아졌다(부록의 그림 2 참조). 고층대기의 온도는 겨울에 높고 여름에 낮으며, 1년 주기로 계속해서 낮아진다. 저위도와 중위도의 70~80킬로미터 상공에서는 약간 더 낮아졌으며, 350킬로미터 상공의 온도는 10년에 17K씩 내려가는 것으로 보고되었다.

고층대기의 온도는 대기의 밀도에도 영향을 준다. 또 오존과 수증기도 고층대기의 밀도에 영향을 미친다. 그 결과 지상 200~800킬로미터 상공에서는 대기의 밀도가 지난 수십 년에 걸쳐 2~3퍼센트 정도 낮아졌다는 것을 인공위성의 궤도를 추적해 알아내었다. 밀도는 당연히 인공위성의 궤도를 포함하여 연료와 수명에 영향을 미친다. 또한 고층대기는 전파에 영향을 미쳐, 지구위치결정시스템GPS과 우주를 바탕으로 하여 위치를 찾는 다른 시스템에도 영향을 미친다.

5. 온실가스는 적외선을 흡수해 지구로 다시 방출하여 지구의 온도를 높이지만, 고층대기에서는 복사냉각으로 인해 고층대기의 온도를 낮춘다.

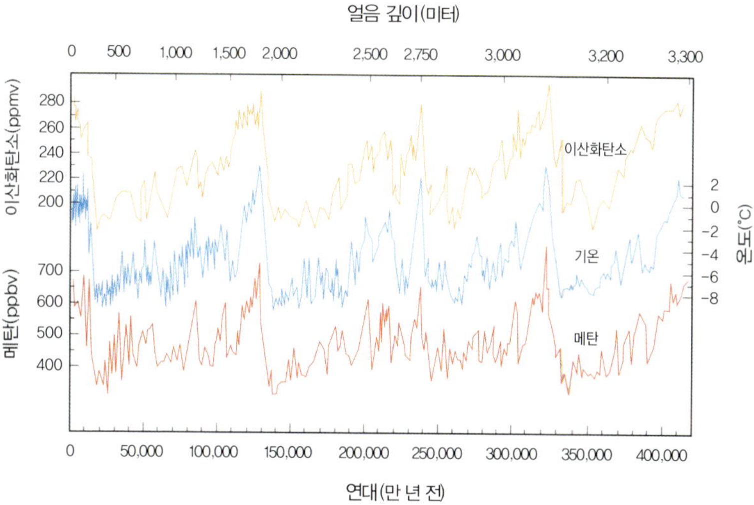

남극 러시아 보스토크 기지 아래의 얼음에서 복원한 지난 42만 년 동안의 이산화탄소(주황색)**와 메탄**(붉은색)**과 기온**(파란색)**의 변화**(『신비한 남극과 북극을 찾아서』, 교학사, 2007)

한편 지구는 250년 전 산업혁명이 시작되면서 더워지기 시작한 것이 아니라 인간이 농업을 시작하면서 더워지기 시작했다는 주장도 있다. 약 1만 년 전 중동아시아에서 농사를 짓기 시작해 숲을 태워 밭을 만들면서 대기 중에 이산화탄소가 늘어나기 시작했고 7,000~5,000년 전부터 동남아시아에서 벼농사를 지으면서 논바닥에서 많이 서식하는 혐기성嫌氣性 박테리아에서 메탄가스가 생기기 시작했다는 주장이다.

그래서 그런지 남극대륙에서 시추한 얼음을 분석한 결과를 보면, 과거 빙하기-간빙기에서는 최고로 높아진 기온은 즉시 내려가기 시작해서 오르락내리락하면서 내려갔으나 마지막 빙하기에는 그렇지 않다. 곧 지금으로부터 1만 8,000년 전 마지막 최대빙하기가 끝나면서, 기온은 1만 1,700년 전에 지금의 온도로 올라와서 다시는 내려가지 않고 약간 오르내릴 뿐이다. 이는 과거의 빙하기-간빙기의 온도 변화와는 완전히 다른 현상이다.

그렇게 춥지 않은 날씨

폭풍설이 무섭게 불어

겨울의 상징이자 기대

세종기지에는 기지 주변을 덮은 연갈색의 지의류와 나지막한 언덕을 덮은 하얀 눈과 얼음, 건너편 얼음 속에서 솟아난 바위 봉우리와 해안의 펭귄, 오른쪽 앞으로 멀리 보이는 빙벽처럼 우리나라에서는 볼 수 없는 것들이 많고, 가끔 빙벽이 무너져 내리는 소리도 들을 수 있다.

그러나 이런 것들은 여름에 나타나는 현상이고, 겨울에 일어나는 현상 가운데 대표가 바로 폭풍설暴風雪[6]이다. 영어로 '블리자드blizzard'라고 하는 폭풍설은 강한 바람에 눈이 날려 앞이 잘 보이지 않는 세찬 눈보라를 말한다. 블리자드란 북아메리카에서 쓰이는 용어인데, 대체로 풍속이 초속 14미터가 넘고 가시거리가 150미터도 되지 않는 현상을 말한다. 풍속이 초속 20미터가 넘고 기온이 −12°C보다 낮아지며 거의 앞이 보이지 않을 정도로 눈이 몰아치는 것

6. 폭풍설을 폭설풍暴雪風이라고도 할 수 있다. 실제 바람과 눈 가운데 어느 것이 더 강한지를 알기는 어렵다. 다만 국립국어원의 『표준국어대사전』에 폭설풍이라는 단어는 없고 폭풍설이라는 단어는 있기 때문에 이 책에서는 폭풍설이라는 용어를 사용하였다.

을 '가혹한 블리자드severe blizzard'라고 한다. 남극을 남극답게 하는 요소 가운데 하나가 바로 폭풍설이다.

앞이 거의 보이지 않는 심한 눈보라

폭풍설이 몰아치면 20~30미터 앞도 보이지 않고, 심하면 연구동에서 10미터 남짓 떨어져 있는 하계 숙소가 보이지 않는 경우도 있다. 주로 겨울에 이런 '가혹한 블리자드'가 분다. 폭풍설이 강해졌다 약해졌다 하며, 짧으면 10시간도 되지 않는 경우도 있지만 길면 50~70시간 또는 더 오래 계속된다. 예컨대, 1988년 6월 25일에 불기 시작한 폭풍설은 28일 소강상태로 들어갔다가, 다시 불기 시작해서 6월 30일까지 불었고, 7월 1일에도 폭풍설은 아니지만 -15.5°C까지 떨어지고 초속 22.2미터의 바람이 불어서 폭풍설과 찬바람이 일주일 내내 계속된 셈이다. 또 2007년 6월 18일 0시 10분에 시작된 폭풍설은 20일 오후 8시 10분에 끝나, 68시간 동안 지속되었다. 그러나 폭풍설이 본격적으로 불기 전인 6월 17일과 폭풍설이 그친 21일에도 눈보라는 아니어도 초속 30미터를 전후한 강한 동풍이 불었다.

기지가 준공된 이후 21년 동안 폭풍설이 가장 많이 불었던 해는, 횟수로 38회를 기록한 1998년이며 시간으로는 549.2시간을 기록한 1988년이다. 2002년, 1991년, 2007년, 2003년은 모두 폭풍설이 연 400시간 이상 지속된 반면에, 2008년에는 6월과 7월 두 달만 모두 네 번에 걸쳐 겨우 29.3시간 불어 폭풍설이 가장 적은 해였다(폭풍설이 심했던 해의 단 한 번의 폭풍설 시간보다도 훨씬 짧다!). 실제로 제21차 월동은, 대원들의 말로는, "블리자드가 없어 재미없는" 월동생활이었다. 폭풍설이야말로 남극의 겨울을 나타내는 가장 큰 상징인데, 기대가 무너져 섭섭해 하는 대원들의 마음을 읽을 수 있다. 2001년에도 폭풍설이 몰아친 시간은 겨우 85.5시간뿐이었는데, 2월에는 1시간도 불지 않았고 8~12월에는 조금도 불지 않았다. 당시 춥지 않아서 고생은 덜 했는지 모르지만 춥고 폭풍설이 몰아쳐야 남극다운데, 기대가 산산이 무너져 모두 섭섭해 했던 기억이 있다.

해年와 달月에 따라 정도가 크게 달라

기지에서 폭풍설을 측정한 결과 연평균 21회에 걸쳐 249.8시간을 기록하였다. 어림잡아 월 2회에 20시간 정도인데, 11월부터 다음해 3월까지는 눈보라가 그렇게 많이 불지 않는다는 것을 생각하면, 폭풍설은 주로 겨울에 많다는 것을 알 수 있다. 그러나 예외적으로 1991년 2월에는 그해 전체 폭풍설(424.8시간)의 15퍼센트가 넘는 69.2시간 동안 폭풍설이 불었다.

월평균으로는 1월(2.9시간)부터 4월(28.6시간)까지는 매월 지난달에 불었던 시간의 2배가 불어, 폭풍설이 몰아친 시간이 급격히 늘어났다. 6월에 가장 많아 21년 평균 50.1시간 불었으며 7월(40.3시간)부터 10월(22.4시간)까지 적어지다가 11월(4.8시간)에 크게 줄었으며 12월도 이와 비슷하였다. 11월부터 다음해 3월까지 폭풍설이 현저히 적었음을 알 수 있다.

1988년 6월 한 달에만 252.0시간 동안 폭풍설이 불어, 한 달 기록으로는 단연 최고다. 두 번째를 기록한 130.8시간(1995년 7월)과 130.7시간(2003년 6월), 130.5시간(2002년 5월)의 거의 2배에 달한다. 1998년 7월과 8월, 2002년 6월과 10월, 2007년 4월도 100시간 넘게 많이 불었다.

폭풍설의 기록에서 눈에 띄는 또 하나의 특징은 또 해年와 달月에 따라 폭풍설의 정도가 대단히 다르다는 것인데, 그런 점에서 다음에 이야기할 강수량이나 기온과는 크게 다르다. 예를 들면, 앞에서 말한 대로, 폭풍설이 가장 강했던

1988년 6월 한 달 동안에 다른 해 1년 동안의 폭풍설보다도 많이 불었다. 실제로 폭풍설이 아주 조금 불었던 2008년과 2001년을 빼고도, 1년 동안 폭풍설이 분 시간이 252시간이 되지 않는 해는 1989년을 비롯해 10년이나 된다. 또 1998년 7월과 8월 두 달 동안에는 그해 전체 폭풍설의 70퍼센트가 넘게 불었다.

2000년 3월은 그해를 통틀어 폭풍설이 가장 많이 불었던 달이다. 2003년 12월에는 40.9시간으로, 12월 기록으로는 가장 많은 반면, 1996년 12월은 20.8시간으로 2003년 12월보다 시간은 짧지만 그해 전체 폭풍설 가운데 차지하는 비율은 가장 높다. 또 2003년은 세종기지가 준공된 이후 처음이자 마지막으로 폭풍설이 불지 않은 달이 없는 해였고, 21년 평균보다 훨씬 많은 412.5시간 동안 불었다(부록의 표 1 참조).

남극 본토에서 불어와

1988년을 기지에서 보낸 제1차 월동연구대는 남극을 제대로 경험하고 배웠다. 1988년 당시의 기억으로는 폭풍설이 겨울 내내 계속되었다. 지면에 평행하게 날리는 눈을 보면서 "남극이 이런 곳이구나!" 하면서 처음 겪는 폭풍설을 사무실에서 호기심 어린 눈으로 구경만 했다. 폭풍설이 불면 기온도 낮아지지만 바람이 세어 체감추위가 아주 심해진다. 또 앞이 보이지 않아 심하면 길을 잃기도 한다. 이런 때에는 특별한 일이 아니라면 건물 안에 있어야 한다. 폭풍설 속에서 조난당한 예는 많은데, 단지 우리 기지에서 그런 일이 일어나지 않았을 뿐이다.

기지에서 부는 폭풍설은 110도에서 115도의 동남동풍으로, 남극반도의 끝에서 불어와 칼처럼 차고 매섭다. 폭풍설이 불기 시작하면 기온이 떨어지기

심한 눈보라에 건물 서쪽 벽에 달라붙은 눈(극지연구소 최문영)

건물의 서쪽에 쌓인 눈을 치우는 제4차 월동연구대원들(극지연구소 최문영)

시작해, 심하면 몇 시간 만에 10°C 넘게 떨어지기도 한다. 여름에 동남동풍이 부는 경우 위력이 약해서 눈의 양이 많지 않고 지속되는 시간도 짧지만, 기온이 몇 시간 만에 영하로 떨어지고 눈도 약간 날려서 남극의 겨울 맛을 낸다.

방한복을 아무리 잘 여며도 폭풍설이 불면 바늘 끝 같은 미세한 틈을 통해 눈 알갱이가 모래알처럼 살을 아프게 때린다. 또 바람이 워낙 강하기 때문에 지붕 아래나 벽에 있는 틈을 통해 눈이 날려 들어와 수북하게 쌓인다.

심한 폭풍설에 앞이 보이지 않으면 무서움을 느끼게 마련이다. 1995년 7월 심한 폭풍설이 그친 후에는 기지 마당에 생긴 눈 언덕 위에 막대기를 꼽고 끈을 묶어 두기도 했고(연구동에서 식당으로 오갈 때 그 끈을 잡고 가라는 뜻이다), 둘씩 손을 잡고 식당으로 가기도 했다. 밥을 먹은 다음 사무실로 돌아가는 길을 잘 알고 있어서 마음을 놓았으나 길에서 벗어난 적도 있었다. 폭풍설이 불 때는 식당에서 숙소까지 10미터를 걸어가면서 바람에 밀려 서쪽으로 비스듬하게 가기도 하고, 제자리에서 뛰면 30센티미터 정도 날아가 떨어지기도 한다. 또 폭풍설에 균형을 잃고 쓰러져 몇 발자국 구르는 사이 주머니에 눈이 수북하게 들어간 일도 있었다.

동남동풍에 눈이 날려 오기 때문에 바람이 약해지는 건물의 서쪽에 눈이 쌓인다. 예컨대, 기계동의 서쪽과 숙소 건물 사이, 숙소와 연구동 사이 운동장에도 쌓이고, 목조창고 문 앞에도 쌓이며, 건물의 서쪽 벽에는 눈이 적지 않게 들러붙는다. 운동장에도 눈이 엄청나게 쌓이는데, 심하면 요리사가 새벽에 주방으로 들어가지 못하거나, 기지를 지으면서 세워놓았던 낮은 국기게양대가 꼭대기만 남겨놓고 묻힐 정도다. 기지 바깥은 지형이 바뀔 정도로 많이 쌓인다. 파인 곳은 채워지고 낮은 곳은 높아지고 없던 눈 언덕이 생기기 때문이다. 또 지면에는 세찬 바람에 눈이 파인 자국이 물결처럼 생기고, 심하면 땅바닥에 쌓인 눈이 뗏장 벗겨지듯이 벗겨진다.

심한 바람에 눈이 뗏장처럼 날아간 지면

심한 바람에 날려가 물결처럼 된 눈

폭풍설이 끝나고 찬란한 태양이 떠오르면 기지 주변이 그렇게 아름다울 수 없다. 새파란 하늘과 찬란한 태양, 새하얀 언덕과 산, 검은 바위절벽, 얼음덩어리가 떠 있는 검푸른 바다(또는 얼었다면 새하얀 눈에 덮인 바다)와 옥색 얼음이 어우러진 풍경은 우리나라에서는 상상하기 힘들다. 이런 풍경은 월동연구대원만이 볼 수 있는 남극 대자연의 비경이며 황홀함이다. 또 하늘에 남방큰풀마갈매기(자이언트페트렐)라도 한 마리 떠 있으면 "아! 삭막한 남극에도 생명이 있구나!" 하는 탄성이 절로 난다. 물론 이런 풍경은 눈보라가 끝난 직후에나 볼 수 있으며, 남극 세종기지의 하늘은 거의 부옇게 흐려 있다.

남극 세종기지의 풍광은 여름보다는 겨울에 훨씬 아름답다. 해가 길고 기온이 높아 사람이 활동하기에 좋아서 여름에 사람들이 많이 찾아오면서 주로 세종기지의 여름이 사진으로 알려지게 되어서 그렇지, 정말 아름다운 것은 겨울의 풍경이다(물론 기지 주변의 땅이 연두색 이끼와 연갈색의 지의류로 덮인 풍경은 여름에만 볼 수 있다!). 눈으로 하얗게 덮인 언덕과 산도 아름답지만 얼음 결정으로 된 구름 덕분에 황혼과 여명이 그렇게 아름다울 수 없다. 단지 교통이 불편해 다큐멘터리를 만들거나 사진을 전문으로 찍는 사람들이 겨울에 기지로 가지 못해 아름다운 풍경을 알릴 기회가 적을 뿐이다.

폭풍설을 만드는 눈은

폭풍설이 불 때 날리는 눈의 기원으로는 강한 바람에 깎인 얼음 조각이라는 것과 하늘에서 내리는 눈이라는 두 가지 추측이 가능하다. 폭풍설이 불 때 장갑에 부딪친 눈가루는 막대기처럼 길지만 밀가루처럼 아주 곱기 때문에 얼음이 깎인 것이라는 말이 맞을지 모른다. 만약 하늘에서 내리는 눈이라면, 아무리 작아도 육각형이어야 할 터인데 그렇지 않기 때문이다. 또 퐁풍설이 불 때 바깥에서 하늘 높은 곳을 쳐다보면 파르스름한 하늘이 보인다는 점이다. 2001년 눈보라가 부는 어느 날, 당시 기상을 책임지고 있던 정강아 씨는 첫째 기원을 주장했었는데, 눈보라 위로 보이는 파르스름한 하늘을 쳐다보면서 그의 주장이 일리가 있다고 생각했다. 남극에서 눈과 얼음이 강한 바람에 깎이는 삭박削剝이 그런 주장을 지지하는 현상이라고 할 수 있다. 둘째 기원을 증명하는 현상은 폭풍설이 끝난 다음 날은 예외 없이 날씨가 아주 좋다는 점이다. 이는 비온 다음에 날씨가 좋은 것과 같은 현상이다. 이렇게 생각하면 어느 한쪽이 100퍼센트 설명하는 게 아니라 폭풍설의 눈의 기원에 대한 두 가지 설명이 모두 맞을지 모른다.

10년 전쯤 외국의 헌책방에서 샀던 100쪽 정도 되는 책에는 한 쪽당 약 60개씩 총 5,000~6,000개나 되는 눈의 결정이 실려 있었다(지금은 찾을 수 없는 그 책은 영국 캠브리지대학교 출판부가 발행한 것으로 기억된다). 기본은 육각형이지만, 이렇게 저렇게 바뀌고 가지에 얼음이 붙은 눈의 결정이 그렇게 많다는 사실에 놀랐던 기억이 있다.

폭풍설에 펭귄 군서지를 찾아가

2001년 1월 30일에는 한여름인데도 새벽 3시 45분에 시작된 폭풍설은 9시 10분부터 20분까지 평균풍속은 초속 16.5미터에 최대풍속은 초속 24.4미터로 강해졌다. 그래도 여름이라 기온은 폭풍설이 시작되기 전(1.4°C)보다는 낮지만 −0.9°C로 그렇게 낮은 편은 아니었다. 그래도 바람이 세기 때문에 체감온도는 −15°C에서 −20°C 정도 되는 추운 날씨다. 바람도 바람이지만 눈이 많아지면서 시계가 40~50미터로, 가혹한 블리자드는 아니지만 여름에 부는 폭풍설 치고는 눈이 아주 많이 내렸다.

폭풍설이 몰아치는 바깥을 내다보다가, 구본관 제14차 월동연구대 총무와 하계대원인 김도홍 박사와 함께 폭풍설을 체험하기로 했다. 폭풍설을 많이 보았지만 폭풍설이 불 때 어디를 갔다 온 적은 없어서 호기심이 생겼기 때문이다. 구 총무는 남극에 처음 온 터라 호기심이 더 했는지 두말없이 찬성했다. 세 사람은 기지 남쪽에 있는 펭귄 군서지에 갔다 오기로 하고 고글을 쓰고 옷을 단단히 여민 후 9시 20분 기지를 출발하였다.

평지에 있는 기지를 막 벗어나면서는 바람이 꽤 세었지만 견딜 만했고, 군서지에 가까이 가면서 높은 산이 바람을 막아 주는 곳에 오자 바람은 많이 약해졌다. 그러나 펭귄 군서지 바로 아래에 다다르자 상태가 달라졌다. 바람이 워낙 강해서 올라갈 수 없었다. 억지로 조금 올라갔으나 우리의 힘으로는 도저히 펭귄들이 있는 평지에 올라설 수도 없었고 조금 낮은 곳에 서 있기도 힘들었다. 또 잘 여몄다고 여민 방한복에 틈이 있었는지 파고들어온 눈 알갱이는 모래알처럼 살을 아프게 때렸다.

돌아가는 길도 쉽지 않았다. 올 때보다 눈이 많이 날려서 몇 미터 앞에 가는 사람들조차 보이지 않자 겁이 덜컥 났지만, 목소리로 그들이 앞에 있다는 것을 알 수 있어 마음이 놓였다. 폭풍설 속을 걸어갈 때에는 로프로 몸을 묶으라는 평범한 원칙을 지키지 않았던 것이다. 작은 일처럼 보일 수 있지만 이런 경험을 통해서 중요한 것을 배워 가는 것이다. 우리는 10시 20분에 기지로 돌아왔다. 한편 오가면서 남극물개 4마리를 만났다. 잠자던 남극물개가 우리 소리에 깨었는데, 남극물개는 움직임이 상당히 빠른 야생동물이라서 만약 서로 놀란다면 반가울 게 없다.

9시 40분부터 50분까지 10분간의 평균풍속은 초속 19.7미터에 최대풍속은 초속 26.9미터였다. 그 다음 10분 동안의 평균초속과 최대풍속은 각각 19.2미터, 25.5미터였다. 10시 10분부터 20분까지의 평균풍속은 초속 18.5미터, 최대풍속은 초속 28.5미터이니 바람은 그렇게 세지 않았다고 봐야 한다.

그러나 이는 기지에서 측정한 바람이고 군서지에서 체감한 바람의 강도는 훨씬 강했다. 군서지에서는 바람이 바로 북쪽에 있는 비탈에 부딪쳐 모여서 평평한 군서지 위를 아주 빠르게 불어가기 때문에 세종기지보다 바람이 훨씬 셀 것이라는 가정을 할 수 있다. 또 우리가 올라갔던 방향이 바람의 정반대 방향이라 강한 바람이 모여서 더 강해진 바람을 마주보고 올라가려고 했으니 올라가지 못한 게 무리가 아니다. 몸의 균형을 잡지도 못하고 군서지로 올라가지 못했을 정도로 바람이 아주 세었으므로, 실제로 측정한 것은 아니지만 풍속은 최소한 초당 45미터를 넘어 50미터에 가까웠던 것으로 생각된다. 그런 바람 앞에서 균형을 잃고 쓰러지면 몸이 굴러가 다칠 수도 있다.

이 체험을 통해 몇 가지 배운 점이 있다. 먼저 고글에 습기가 차고 얼어 앞이 잘 보이지 않았는데, 이 문제는 풀기 어려워 보인다. 물세탁을 해서인지 방풍·방수 재킷의 방수 능력이 많이 떨어졌는데, 폭풍설이 몰아칠 때 밖에 나가야 한다면 방풍과 방수가 잘 되는 새 옷을 입을 필요가 있다. 또 눈이 많이 와서 앞이 잘 보이지 않는다면 반드시 로프로 몸을 묶어야 한다는 것이다. 다른 사람과 떨어지지 않아야 무서움이 없어지고, 한 사람이 크레바스에 빠지더라도 다른 사람들이 꺼내 줄 수 있기 때문이다. 우리야 1시간 정도 바깥에 있었지만 더 오래 있어야 한다면 반드시 여분의 옷과 식량이 필요하다.

한편 그때 함께 갔다 온 하계대원은 몇 년 전에 월동을 하다가 눈보라 속에서 1시간이나 헤맨 적도 있었다. 건물의 위치와 방향을 잘 알아 마음을 놓았는데 그게 아니었다. 지나간 이야기지만 만약 그가 더 오래 헤맸다면 어떤 일이 일어났을지 모른다.

기온이 낮아

폭풍설이 불면

남극이라는 말을 들었을 때 흔히 떠올리는 −40°C에서 −50°C의 온도는 남극대륙 고원지대의 겨울 기온이다. 한겨울 남극대륙의 안쪽, 고도가 아주 높은 곳의 기온은 대단히 낮다. 예컨대, 이 책의 머리말에서 이야기했던 남극 최저기온이 측정된 러시아 보스토크Vostok 기지의 위치는 남위 78도 28분, 동경 106도 48분이며, 높이는 3,488미터다.

남극은 워낙 광대하기 때문에 기온을 포함한 자연 현상은 지역에 따라서 크게 달라진다. 예컨대, 세종기지는 남극에서는 아주 북쪽에 있고 바다의 영향을 받아서 기온이 그렇게 낮지 않은데, 기지의 최저기온은 1994년 7월 24일에 기록된 −25.6°C다(최고기온은 2004년 1월 24일의 13.2°C). 세종기지의 최저기온은 대개 남극반도의 끝에서 동남동풍의 눈보라가 불어올 때 기록된다. 세종기지가 준공된 이후 21년간의 평균기온은 −1.7°C이며, 연평균기온이 가장 낮았던 6년은(낮았던 순서대로) 1991년(−3.0°C), 2007년(−2.9°C), 1995년(−2.7°C), 1992년과 2002년(−2.3°C)이며 1988년(−2.1°C)이다.[7]

기지에서는 12월부터 다음해 3월까지는 월평균기온이 영상이며 1월과 2월의 월평균기온이 가장 높다. 반면에 해에 따라 차이가 있지만 대개 6~8월의 월평균기온이 가장 낮다. 그러나 2006년 10월은 월평균기온이 −8.0°C로, 기온이 가장 낮은 10월이었다. 월평균기온으로는 1995년 7월이 −12.0°C로 가장 낮았고 2007년 7월(−11.4°C)과 1994년 7월과 1995년 8월도 −10.3°C로 아주 낮

7. 반면에 연평균기온이 가장 높았던 5년은 1989년(−0.5°C), 1996년과 1999년(−0.7°C), 2008년(−0.8°C), 1993년(−0.9°C)이다.

일평균기온이 −20℃보다 낮아, 창문 안쪽에 두껍게 낀 성에(한국해양연구원 소재귀)

았다.[8]

세종기지에서 일평균기온이 −20°C보다 낮은 날은 찾기 힘들다. 예컨대, 기지가 건설된 이래 가장 추웠던 1991년에도 일평균기온이 −20°C보다 낮았던 날은 8월 3일(−20.7°C)과 4일(−23.0°C) 이틀뿐이다. 두 번째로 추웠던 2007년에 일평균기온이 −20°C 아래로 내려간 날은 7월 3일(−20.3°C), 14일(−21.4°C), 15일(−21.9°C), 25일(−20.7°C) 나흘이다. 세 번째로 추웠던 1995년은 7월 17일(−20.4°C)과 8월 1일(−20.5°C) 이틀인 반면에, 그렇게 춥지 않았던 1994년에는 7월 14일(−20.8°C), 23일(−22.5°C), 24일(−23.4°C), 25일(−22.4°C)로 나흘이나 된다. 1998년 9월 9일(−20.0°C)과 2005년 7월 1일(−20.1°C)도 일평균기온이 −20°C보다 낮았다.

일평균기온이 −20°C가 될 정도로 기온이 내려가면 창문틀 안쪽에 성에가 두껍고 하얗게 낀다. 바깥 기온이 낮아 창문틀이 차가워지면서 실내 공기 중에 있는 수분이 얼어붙어서 생기는 현상인데, 이유를 알고 보아도 신기하고 놀랍다. 이런 현상은 아주 보기 힘들어 신기한 눈으로 보았고 월동 보고서에 기록했다. 기온이 아주 낮고 맑은 날은 공기가 대단히 차서 '쨍그렁!' 소리를 내며 깨질 것만 같다.

8. 반면에 1989년, 1993년, 1996년, 2001년, 2004년, 2008년에는 일평균기온이 −15°C보다 낮은 날이 없었다.

찬바람이 불어도

폭풍설이 불지 않고 찬바람만 불어와 기온이 낮아지는 날이 있는데, 기온이 낮고 날씨가 매섭고 춥다는 점에서 남극답다. 예컨대, 앞에서 말한 1994년 7월 23일부터 25일이 바로 그런 날들이다. 이 사흘 동안 최대풍속은 23일 초속 13.7미터, 24일 초속 16.1미터, 25일이 10.4미터였고, 풍향은 북동풍에서 동남동풍이었다. 다만 21일 최저기온 −16.9°C에 최대풍속 24.1미터의 북풍이 불기 시작하여 다음날 최저기온 −21.9°C에 최대풍속 26.2미터(평균풍속 9.4미터)인 북북동풍이 되면서 찬 공기가 밀려와, 그 다음 닷새의 기온이 아주 낮았다.

2007년 7월 13일에도 폭풍설이 불지 않았지만 일평균기온이 −11.2°C로 낮아지기 시작해서 14일(−21.4°C)과 15일(−21.9°C)에는 기온이 굉장히 낮았고, 18일에는 −14.3°C까지 낮아졌다. 그동안 평균풍속은 14일이 초속 13.6미터로 상당히 강했지만, 다른 날들은 1.0~8.5미터밖에 되지 않았다. 결국 일주일 내내 바람은 그렇게 세지 않았지만 기온은 아주 낮았다.

지구가 더워지면서 남극반도 일대가 유난히 더워진다는 것은 우리 기지의 관측 자료를 통해서도 알 수 있다. 곧 세종기지는 준공 21년이라 그렇게 오랜 기간 동안 관측한 것은 아니지만, 10년 동안 연평균기온이 0.6°C씩 올라갔다는 것이 대기과학자들의 연구결과다(부록의 그림 3 참조). 또 킹조지 섬에 있는 러시아 벨링스하우젠 기지에서 측정한 기온도 꾸준히 상승하고 있다.

우리가 흔히 가지는 의문 가운데 하나가 남극과 북극 가운데 어느 쪽이 더 추운가 하는 것이다. 남극이 더 춥다는 것이 정답이다. 북극과 남극은 여러모로 다르다. 그 가운데 하나가 바로 북극은 유라시아 대륙과 북아메리카 대륙으로 둘러싸인 바다라는 점이다. 물론 그 바다의 상당 부분은 수 미터의 얼음으로 덮여 있지만 간간이 얼음 사이로 드러난 바닷물이 태양빛을 흡수한다.

반면에 남빙양이라는 거대한 바다로 둘러싸인 남극대륙은 거의 대부분이 평균 2,000미터가 넘는 얼음으로 덮여 있다. 그러므로 남극대륙을 비추는 태양빛의 대부분은 얼음에 반사되고, 게다가 평균높이가 2,500미터로 세계에서 가장 높은 대륙이기 때문에 남극의 기온이 북극보다 낮다.

북극의 최저기온은 −71°C로, 동시베리아 오이먀콘Oymyakon에서 측정되었다. 이곳은 북극점에서 3,000킬로미터 정도 떨어져 있고 북극권北極圈(북위 66도 33분)에서도 320킬로미터 정도 남쪽에 있다. 반면에 시베리아 야나Yana 강변에 있는 베르호얀스크Verkhoyansk에서 1892년 2월에 −67.8°C가 측정되어, 북극 최저기온으로 알려졌으나 과거의 기록이다(남극 최저기온은 앞에서 언급한 것처럼 −89.2°C다).

덧붙이자면, 겨울에 −60°C까지 내려가는 시베리아 야쿠츠크Yakutsk에 있었던 한국지질자원연구원 오재호 박사의 말로는, 바람이 없는 곳에서는 기온이 −20°C보다 더 낮아진다고 해서 추위가 더 심해지지는 않는다고 한다. 곧 −30°C나 −40°C가 되어도 추위는 마찬가지라는 것이다. 바람이 없어서인지 살을 에는 추위는 못 느끼지만 바깥에서 오래 돌아다니지는 못한다고 한다. 러시아 사람들은 창문을 열고 뿜어낸 입김이 즉시 얼음 결정이 되어 부딪히는, 쇳소리 같은 소리를 듣고 기온을 추정한다고 한다. 그렇게 추운 곳에서도 사람들이 환경에 적응하며 살아가는 방식이 재미있다.

체감온도는

기온은 같더라도 바람이 불면 더 춥게 느껴지는데, 이는 체감온도 때문이다. 체감온도는 바람과 습도의 함수인데, 바람이 초속 20.6미터를 넘으면 큰 영향이 없으며 습도도 큰 영향을 끼치지 못해서 체감온도는 기온과 큰 차이가 없다.

기온과 바람에 따른 체감온도의 예를 들면, −1.1°C에서 초속 5.1미터, 12.9미터, 20.6미터의 바람이 불면 각각 −8.9°C, −17.8°C, −21.1°C로 느낀다. 또 −17.8°C에서 위와 같은 속도로 바람이 불면 각각 −29.4°C, −42.2°C, −47.2°C로 느낀다. 체감온도가 −40°C보다 낮아지면 공기 중에 노출된 피부는 5분에서 10분 사이에 동상에 걸릴 위험이 있다.

나이나 건강상태에 따라 다르겠지만 기온이 −60°C보다 낮아지면 동상에 걸릴 위험이 아주 커진다. 그러므로 피부를 공기 중에 노출해서는 안 되며, 손잡이처럼 쇠로 만든 물건에 손을 대어서는 안 된다. 경험상 체감온도가 −40°C 정도가 되면, 옷을 여간 잘 입지 않고는 추워서 바깥에서 활동을 하는 것이 싫어지고, 장갑을 1분 넘게 벗고 있지 못한다(체감온도는 부록의 표 2 참조).

기지에서는 외부의 온도가 낮아지면서 몸의 중요 기관들의 온도가 낮아져 죽음에 이르는 저체온증低體溫症을 조심해야 한다. 저체온증은 한겨울 남극대륙에서 나이 든 사람만 걸리는 것이 아니며, 한여름 세종기지에서 건강한 젊은이가 저체온증에 걸린 적도 있다. 체온이 35°C만 되어도 심하게 떨리고, 말이 어눌해지며, 사고력과 기억력이 떨어지기 시작하는데, 이는 저체온증의 1차 증세다. 만약 일행 가운데 그런 증세를 보이는 사람이 있다면 지체하지 말고 기지로 연락한 후에 돌아와 치료를 받아야 한다.

찬바람이 부는 날, 발과 다리가 젖은 채로 몇 시간 동안 밖에 있거나 고무보트를 타고 가다가 파도에 몸이 젖는다면 저체온증에 걸릴 수도 있다. 또는 방수가 제대로 되지 않는 옷을 입어 어깨와 허리, 다리가 젖기 시작하고 찬바람을 받아 몸이 사시나무 떨리듯이 떨리기 시작하면, 바위 뒤에라도 서서 될 수 있는 한 비와 바람을 막거나, 은신처가 가까이 있다면 그리로 가서 마른 옷으로 갈아입어야 한다. 그런 점에서는 위버 반도에 있는 은신처나 세종기지 남쪽의 펭귄 군서지를 지나 바닷가에 있는 은신처는 아주 좋은 곳이다.

바람이 세어

상당히 세어

남극을 상징하는 현상 가운데 하나가 바로 강한 바람이다. 남극에서 바람이 세다는 것은 세종기지에 온 사람들은 금방 실감할 수 있다. 얼굴을 스치는 찬 바람과 소리를 내며 펄럭거리는 깃발, 바다를 덮은 하얀 물결이 바람의 힘을 보여 주기 때문이다.

연구대원들은 월동을 하는 동안 연평균기온과 월평균기온이 가장 낮거나, 기지가 건설된 이래 최저기온 또는 최대풍속을 기록하거나, 바다가 얼거나, 눈보라가 많았다는 것 같은 기록을 내고 싶어 한다. 그런 것이 없이 편안하게 지내는 것도 좋지만 이왕 어려운 곳에 왔으니 남들보다 더 힘들었다는 것이 월동연구대원에게는 어떤 면에서 하나의 자랑스러운 일이다. 그런 기록 가운데 하나가 바람이다.

세종기지의 연평균풍속은 초속 7.9미터이며 바람이 가장 강했던 해는 초속 8.8미터를 기록한 2001년으로, 이 정도 바람이면 깃발이 상당히 펄럭거린다. 1999년과 1996년, 2008년과 2004년, 1989년에도 바람이 세었다. 바람이 가장 약했던 해는 연평균풍속이 초속 7.1미터인 2005년이며 2007년에도 바람이 약했다. 바람은 한여름에는 약하게 불다가 여름이 지난 다음부터는 세어진다. 곧 남극의 여름인 1월에 월평균풍속이 초속 6.6미터로 가장 낮고, 2월에는 바람이 세어지기는 하지만 초속 7.3미터로 그래도 낮은 편이다. 반면에 3월에 초속 7.9미터로 강해진 바람은 10월까지 초속 8미터를 오르내린다. 11월에 들어서는 초속 7.6미터로 떨어지며 12월에는 더 낮아져 평균 초속 7.0미터 정도가 된다.

기지가 생긴 이래 2008년 4월 20일에 가장 강한 바람이 불어 초속 50.0미터

심한 바람에 휜 안테나

의 북풍으로 기록되었으나 그 풍속계는 바람이 50.0미터를 넘으면 자동으로 기록하지 않게 만들어졌기 때문에 실제는 초속 50미터를 넘었다고 봐야 한다.

최대풍속의 21년 평균은 초속 32.7미터인데, 2003년은 월별 최대풍속의 평균이 초속 35.3미터로 가장 세었고 2005년이 초속 29.7미터로 가장 약했다. 연중 가장 강한 바람이 불어 평균풍속이 가장 강했던 2001년의 월별 최대풍속의 평균은 초속 33.6미터로, 최대풍속으로는 그렇게 세지는 않았다. 반면에 바람이 가장 약했던 2005년에는 최대풍속도 가장 약했다(부록의 표 3 참조).

봄과 여름에는 북서풍이나 북풍이 강하고, 겨울에 자주 부는 폭풍설은 동

심한 바람에 벗겨진 기름탱크의 보온재를 감싸는 알루미늄 판을 동여매는 제1차 월동대원들

남동풍이다. 바람이 강하면 안테나가 월척이 걸린 낚싯대처럼 휘어지고, 파고가 적어도 1.5미터는 넘어 무섭게 거칠어지며, 파도는 부두에 부딪쳐 하얗게 부서진다. 심하면 벽시계가 흔들릴 정도로 건물이 크게 흔들리기도 한다.

바람이 세면 연료탱크를 감싼 알루미늄 판이 찢어져 벗겨진다. 알루미늄 판을 리벳rivet이라는 금속 못으로 촘촘히 박았지만 바람에는 견디지 못한다. 그래서 연료탱크의 보온 껍데기를 조각조각 때웠는데, 거센 바람이 분 다음이면 월동대원들은 연료탱크 보온 껍데기를 점검하고 고치는 것이 일이다. 그렇게 센 바람이 불었지만 현대건설이 지은 세종기지의 지붕은 22년이 지난 지금까지 단 한 번도 날아가지 않았다. 바람이 아주 세면 덜컹덜컹 울리기는 했지만 지붕이 단 한 조각이라도 뜯긴 적은 없었다.

동풍이 강하게 불면, 예컨대, 폭풍설을 몰고 오는 동남동풍이 불면 세종기지의 앞바다인 마리안 소만의 얼음 조각들이 서쪽으로 떠가는 것이 눈에 보이

바람이 없어, 건너편 위버 반도가 거울처럼 비친 마리안 소만

는데, 그 속도가 워낙 빨라 놀랄 정도다. 얼음조각이 없더라도 바람에 밀려 가는 거품과 물결이 생겨 강한 동풍이 분다는 것을 알 수 있다. 반면에 봄과 여름에 남풍이 약하게 불면 기지 남쪽 1.7킬로미터에 있는 펭귄 군서지에서 닭장 냄새가 바람에 실려 온다. 펭귄도 새의 일종인지라 번식지에서 양계장 냄새가 나는 게 무리가 아니다.

바람이 한 점도 없는 날이 있는데, 그런 때는 마리안 소만의 북쪽에 있는 위버 반도가 마리안 소만에 거울처럼 비치고 풍향계의 바람개비가 꼼짝 않는다. 그럴 때면 "아! 남극에도 이런 날이 있구나!" 하고 감탄을 하게 된다. 그러나 그런 때는 1년에 며칠, 아니 몇 시간밖에 되지 않는다.

불을 끄지 못해

남극에서는 바람이 세어 불을 끄는 것이 거의 불가능하다. 실제로 1987년 겨울 킹조지 섬의 필데스 반도에 있는 칠레의 프레이 공군기지에서 불이 나서 작은 건물이 타고 1명이 죽고 7명이 다쳤던 적이 있다. 당시 기지 대장은 바람이 워낙 강해 불을 끌 엄두도 내지 못했다고 말했다. 칠레 기지에는 비행기나 헬리콥터, 최고 성능의 소화 장비를 갖춘 소방차가 있고 군인들이라 더 민첩하게 움직였을 텐데도 불을 끄지 못해 사람이 죽은 것을 보면 바람의 위력을 실감하게 된다. 또 1960년 8월 3일 러시아 미르니Mirnyy 기지에서 일어난 불로 8명이 사망하는 비극이 생겼다. 그때도 폭풍설이 하도 강해 불을 끈다는 것은 상상할 수 없었다는 것이 그 자리에 있었던 미국 사람의 기록이다.

2001년 9월 영국 로드라Rothera 기지에서 불이 나서 아주 큰 '본너Bonner해양실험동'을 몽땅 태웠고,[9] 2009년 4월 11일에는 킹조지 섬에 있는 칠레 기지의 실내체육관이 불에 탔는데(1990/91년에 지어진 이 체육관은 해마다 남극올림픽을 열었던 곳인데 아깝다), 이때도 심한 폭풍설이 몰아쳤다.

혹시 남극이라고 언제나 바람이 센 것이 아니어서 불을 끌 수도 있다고 생각할 수 있다. 그러나 위의 사실들을 보면 "엎친 데 덮친다."는 속담이 들어맞아서 화재는 대개 폭풍설이 불 때 많이 일어났다. 한편 로드라 기지의 화인은 9년 전 건물을 지으면서 제대로 결속되지 않았던 전선이 문을 여닫을 때마다 흔들리면서 닳아서 생긴 합선으로 밝혀졌다. 기지를 지을 때는 전선 하나도 제대로 처리해야 한다는 교훈을 주는 사례다.

9. 1990년대 초에 갑자기 세상을 떠난 니겔 본너W. Nigel Bonner 박사는 남극척추동물 전문가로 영국·뉴질랜드 합동검열단의 일원으로 1989년 1월 6일 우리 기지를 검열했다.

꽤 오래전 뉴욕의 미국자연사박물관에서 남극특별전이 열렸을 때 입구에서 안내하던 사람이, 녹음된 바람소리가 나는 곳을 가리키며, "남극은 바람이 아주 센 곳입니다."라고 남극의 바람을 강조했던 기억이 있다.[10] 또 2001년 뉴질랜드의 랜덤하우스에서 발간한 남극백과사전이나 다름없는 『완벽한 남극이야기』라는 책에 붙어 있는 CD에서도 바람소리가 배경음악으로 나온다. 이처럼 거센 바람은 남극을 대표하는 하나의 상징이다.

남극대륙의 해안을 따라 자주 생기는 저기압 때문에 해안지방의 기압은 그렇게 높지 않다. 그러므로 바닷가에 있는 세종기지는 21년간의 연평균기압이 989.3헥토파스칼로 낮은 편이다. 기압은 4월부터 9월이 다른 달보다 좀 높다. 기압이 가장 높았던 날은 2000년 9월 7일(1,035헥토파스칼)이고 가장 낮았던 날은 2008년 1월 8일(892헥토파스칼)이었다. 연평균기압은 21년 동안 2000년이 가장 높았고(992.8헥토파스칼), 1990년이 가장 낮았다(986.7헥토파스칼).

세종기지가 있는 킹조지 섬과 사우스셰틀랜드 군도를 포함하여 남극대륙의 해안에 있는 섬들의 날씨는 남극대륙의 해안을 따라 생겨서 시계방향으로 돌아가는 저기압의 영향을 받는다. 그러므로 모든 날씨와 기상현상이 주기를 가지고 일어났다 사라지는 서풍의 지배를 받는다. 공기가 바닷물과 높고 찬 빙원氷原과 닿으면서 압력이 낮아지고 대기가 불안정해지면서 크게 달라지는 것으로 보인다. 세종기지는 여름에는 날씨가 가혹하진 않지만 급격히 바뀌는 반면, 겨울에는 기온은 낮지만 날씨가 급변하지는 않는다.

10. 이 전시회에서는 우리가 남극 연구 초기에 발행한 영문 브로슈어가 전시되었다. 물에 젖어 앞뒤에 플라스틱 표지를 한 그 브로슈어는 우리 기지를 찾아왔던 사람이 얻어서 가지고 갔던 것으로 생각된다. 물에 젖지 않게 잘 한다고 했으나 젖자, 플라스틱으로 표지를 대었을 것이다.

상당히 건조해

강수량이 적어

남극의 특징 가운데 하나가 대단히 건조하다는 것이다. 예컨대, 남극대륙 안쪽의 연평균강수량은 약 50밀리미터로, 사하라사막에 해당하는 강수량을 보여 남극대륙을 '하얀 사막'이라고 부르기도 한다. 해안은 그래도 수증기가 생기기 때문에 강수량이 500밀리미터 안팎에 이르지만 우리나라 연평균강수량(1,245밀리미터)의 40퍼센트에 지나지 않는다.

세종기지의 연평균강수량은 468.6밀리미터다. 강수량이 가장 많았던 해는 1995년으로 779.8밀리미터였으며, 1996년과 2003년의 강수량도 650밀리미터를 넘었다. 반대로 강수량이 아주 적었던 해는 2008년으로 220.6밀리미터였으며 1988년과 1989년, 1992년도 300밀리미터에 못 미쳤다(부록의 표 4 참조).

월별로는 1월부터 3월까지 50밀리미터가 넘고, 4월이 60.8밀리미터로 가장 강수량이 많은 반면, 5월 들어 29.5밀리미터로 뚝 떨어져 11월까지는 30밀리미터를 오르내리며 월평균기온이 영상인 12월에도 35.0밀리미터로 그렇게 많아지지 않는다. 21년 동안 강수량이 가장 많은 달은 146.8밀리미터를 기록한 1995년 7월이었으며, 2005년 2월과 3월, 2003년 2월과 12월, 2004년 3월, 1991년과 2006년과 2007년 4월도 100밀리미터가 넘었다. 반면에 강수량이 10밀리미터도 되지 않는 달은 1988년 4~8월,[11] 1989년 6월, 1990년 6~7월,

11. 1988년은 폭풍설이 548.2시간이나 계속되어 21년 동안 최고를 기록했으나 강수량은 232.9밀리미터로 21년 평균강수량의 반도 되지 않는다. 1988년 6월에는 눈보라가 252시간 불어, 21년 동안 한 달 기준으로는 가장 긴 시간을 기록했으나 강수량은 1.0밀리미터다. 이는 측정을 잘못했기 때문이라 생각되는데, 수평으로 아주 빠르게 날아가는 폭풍설의 눈의 양을 당시의 측정기구로 정확하게 측정하기는 어려웠으나 그런 문제점은 다음해에 해결되었다.

1992년 5~9월과 11월, 1994년 8월, 1997년 9월과 12월, 1998년 8월, 2000년 9월과 11월, 2005년 12월, 2006년 7~9월과 11월, 2007년 5월, 2008년 6~9월이다.

세종기지의 평균강수량이 우리나라 연평균강수량의 3분의 1이 조금 넘고, 적은 해는 6분의 1에서 4분의 1이라면 얼마나 건조한 곳인지 짐작할 수 있을 것이다. 겨울에는 폭풍설이 몰아치지만 눈은 물로는 많은 양이 아니다. 그러나 기지에서는 건조하다는 것을 실감하지는 못한다. 1년 내내 흐린 날이 많고, 기온이 영상인 늦은 봄부터 여름까지는 눈이나 비, 진눈깨비가 내리기 때문이다.

방이 건조하면

기지 주변의 공기는 아주 깨끗하다. 실제 2005년 12월부터 한 달 동안 처음 측정하기 시작한 결과를 보면, 세종기지의 공기에는 1세제곱센티미터에 아주 미세한 입자가 300~400개 정도 있다. 서울의 경우 깨끗하면 10만 개, 보통 30만 개, 먼지가 많은 곳에는 50만 개가 있다고 하니 그 정도를 짐작할 수 있다. 한편 1920년대 말 남극대륙의 내부는 중부 태평양보다 10배나 깨끗하다는 결과를 얻었다.

강수량이 적어서인지 기지가 바닷가에 있어도 평균습도는 88.8퍼센트다. 연평균습도가 가장 높았던 해는 2001년으로 93.5퍼센트였으며 가장 낮았던 해는 2004년으로 81.2퍼센트였다. 월평균습도는 88.1~89.7퍼센트로 큰 차이가 없다.

세종기지의 실내습도는 50~60퍼센트 정도로 건조하기 때문에 사람에 따라서는 방이나 사무실에서 가습기를 쓰기도 한다. 그러나 수분을 인공으로 공급한다는 게 좋을 게 없고 가습기 자체가 박테리아의 온상이기 때문에 출근할 때는 실내온도를 낮추고 밤에는 수건이나 양말을 널어놓아 자연스레 수증기를 공급하는 것이 더 낫다고 생각한다.

기지 주변이 건조하다는 것은 해안에서 가끔 볼 수 있는 말라 버린 새나 동물의 사체를 봐서도 알 수 있다. 물론 기온이 낮아 잘 썩지도 않지만 강수량이 적고 습도가 낮다는 것이 더 큰 이유일 것이다.

킹조지 섬에 있는 브라질의 코만단테 페라스 기지는 컨테이너를 연결해 지었기 때문에 공기가 통하지 않아서 컨테이너 안에 물방울이 서리고 곰팡이가 피었다. 그에 비하면 우리 기지는 비교도 안 될 정도로 훌륭하다.

기지에서는 기상 값이 자동으로 측정되는 자동기상관측장비AWS를 쓴다. 이 장비의 일부인 기상측정탑의 맨 꼭대기에는 풍향계가 얼지 않도록 24시간 가열하는 붉은 전등을 켜 둔다. 오래전 브라질 수송기 조종사가 그 전등을 칠레 기지의 비행장 활주로 조명으로 착각할 가능성이 있다고 칠레 기지를 통해 전등을 꺼달라는 요구를 했다고 한다. 그러나 그런 요구는 받아들일 만한 것이 아니었다.

신기한 얼음

얼음과 빙산은

물이 어는 게 아니라

남극을 남극답게 만드는 가장 뚜렷하고 중요한 현상 가운데 하나가 바로 얼음과 눈이다. 세종기지가 있는 킹조지 섬을 비롯해 사우스셰틀랜드 군도는 남극 대륙에 비하면 얼음과 눈이 적은 곳이지만, 기지 부근을 둘러보면 땅보다는 얼음과 눈이 훨씬 많이 보인다. 겨울에 바다라도 얼면 얼음은 더욱 많아진다.

남극의 얼음은 물이 언 것이 아니라 눈이 다져져 생기면서 공기가 안에 갇힌다는 점에서 특이하다. 수백 년, 얼음에 따라서는 그보다 훨씬 오래된 공기가 얼음 안에 들어 있다가 얼음이 녹으면서 탁! 탁! 터져 사라지는 것을 보노라면 예쁘기도 하고 신기하다는 생각이 든다. 기지 부근 바닷가 자갈 위에 얹힌 얼음덩어리에는 자갈의 자국들이 올록볼록하게 남아 있어 더욱 신기하고 귀엽다.

얼음은 고체이지만 천천히 흘러내리는데, 빙하란 바로 그런 얼음을 말한다. 빙하는 흘러내리면서 아래나 부근에 있는 바위나 돌을 옮기기 때문에 여름에는 바다에 떠도는 얼음덩어리에서 가끔 검은 바위나 돌덩어리를 볼 수 있다. 이른바, '얼음 운반 퇴적물'인 그 바위와 돌덩이는 주로 바튼 반도에서 흘러내리지만, 가끔 콜린스 포구(위버 반도의 북쪽과 필데스 반도 동쪽 사이의 피오르)나 넬슨 섬의 빙하로 운반된 것도 있을 것이다.

1995년 봄 넬슨 섬에서 본 휘어진 얼음층(한국해양연구원 소재구)

눈이 다져져 생긴 남극의 얼음에는 눈이 쌓인 층이 보존된다. 또 눈은 흘러내리면서 휘어지는데, 그런 움직임을 나타내는 층을 볼 수 있는 곳이 넬슨 섬의 필데스 해협 맞은편이다. 1995년 봄 그곳에 갔을 때 찍은 사진을 보면 얼음층이 휘어진 것을 잘 볼 수 있는데, 그런 얼음층에서 오랜 시간 동안 그 얼음이 겪었던 움직임을 읽을 수 있다. 얼음에 있는 검은 선들은 화산재 같은 것들이 쌓여서 생길 것이다.

얼음은 귀중해

남극에서는 지천에 널려 있는 얼음과 눈을 녹여 물을 구할 수 있다고 생각하기 쉽지만, 얼음과 눈이 아무리 많아도 가져와서 녹여야 물이 된다. 가져오는 일이 문제인 것이다. 쓸 수 있을 만큼 엄청난 양의 얼음이 가까운 곳에 있다면 괜찮다. 그러나 킹조지 섬에 있는 기지들처럼 바위나 땅 위에 지은 기지는 (특별한 경우를 빼고는) 얼음을 가져오기 힘들다. 예를 들면, 우리 기지에서는 세종봉 뒤쪽으로 가서 눈과 얼음을 퍼 담거나, 바다에 떠 있는 얼음을 가져와야 한다.

킹조지 섬은 95퍼센트가 두께 100미터 정도의 얼음으로 덮여 있지만 아르헨티나 기지나 우루과이 기지는 부근에 있는 호수의 물을 설상차로 옮기거나 펌프로 끌어온다. 또 러시아 기지와 칠레 기지는 같은 호수의 물을 쓰면서 신경전을 벌인다는 말을 들었다.

남극의 얼음은 아주 귀중한 연구재료다. 바로 얼음 속에 갇힌 공기가 지금의 공기가 아니라 수만 년에서 수십만 년 전의 공기이기 때문이다. 그러나 얼음을 얻으려면 얼음을 뚫는 기계와 기술자, 발전기와 연료가 있어야 하고, 그런 것들을 원하는 곳까지 가지고 가야 하는데 그게 쉬운 일이 아니다. 그러므로 남극에 진출한 나라들 가운데 얼음을 제대로 얻는 나라는 몇 안 된다. 예컨대, 칠레는 남극대륙에서 가깝고 공군 수송기 C-130이 있기 때문에 여름에만 남극대륙 안쪽 남위 80도까지 들어가 얼음을 채취하지만, 칠레는 아르헨티나와 브라질 같은 라틴아메리카 나라들끼리만 얼음을 연구한다.

한편 (앞에서 살펴본) 러시아 보스토크 기지에서 굴착掘鑿한 42만 년 전의 얼음에서 추출한 메탄가스와 이산화탄소의 양과 산소의 방사성 동위원소를 분석해 유추한 온도의 변화는 10만 년 주기로 되풀이되는 빙하기와 간빙기를 잘 보여 준다. 또 남극대륙에 있는 프랑스·이탈리아의 콩코르디아Concordia 기지에서 파낸 80만 년 전의 얼음에서 추출한 공기도 같은 현상을 보여 준다.

바람 따라 밀려다녀

빙산보다 작은 유빙 조각들은 바람 따라 맥스웰 만과 마리안 소만을 드나든다. 서풍이면 마리안 소만으로 들어와 만을 채우고, 동풍이면 다 밀려 나간다. 유빙은 대부분 필데스 반도 연안의 빙벽이 무너져 생기지만, 가끔은 브랜스필드 해협에 떠 있던 것들이 바람에 밀려들어오기도 한다. 1995년 초겨울에는 각양각색의 얼음조각들이 맥스웰 만에 빽빽하게 들어 차, "얼음조각을 밟고

얼음조각들이 완전히 메운 마리안 소만

중국 기지로 갈 수 있겠다."라는 농담을 했을 정도다.

바다가 얼기 시작할 때 세종기지의 남쪽 높은 곳에서 일대를 둘러보는 기쁨과 감격은 대단하다. 마리안 소만과 맥스웰 만의 안은 언제나 볼 수 있고 가까이 있어 그렇다 치고, 만의 입구인 바깥쪽 아르헨티나 주바니 기지의 바깥 바다와 멀리 넬슨 섬 사이의 바다가 크고 작은 유빙으로 하얗게 덮이면 장관을 이룬다. 가끔 가는 줄처럼 파란 바다가 드러나 얼지 않고 유빙들이 바람에 몰려왔다는 것을 알고 보더라도 놀랍고 신기하다. 또 바다의 물결대로 하얗게 언 얼음을 보노라면, 물결이 이는 순간 그대로 얼어붙었다는 점에서 기묘할 뿐이다.

1991년 봄 맥스웰 만에 들어온 탁상형 빙산(국립해양조사원 심문보)

기지 앞바다에는 크고 작은 빙산들이 떠다니는데(우리나라 기상청의 정의에 따르면, 빙산은 물 밖에 드러나 있는 높이가 5미터를 넘어야 한다), 가끔 커다란 탁상형 빙산이 기지 앞바다로 들어오는 수가 있다. 남극반도의 서쪽에서 만들어진 탁상형 빙산들이 북쪽으로 떠가다가 남동풍을 받고 맥스웰 만으로 밀려드는 경우다. 큰 것은 한 변이 1킬로미터가 넘고 수면 위의 높이는 50미터에 이르는데, 그 높이의 4배가 물속에 있다고 보면 빙산의 크기를 어림잡을 수 있다. 그런 빙산이 북서풍에 밀려나가기도 하고 바다가 얼 때 함께 얼었다가 깨어질 때 깨어져 나가기도 한다. 또는 바람 따라 왔다 갔다 하면서 천천히 부서지기도 하고 뒤집어지기도 한다.

빙벽이 후퇴해

최근 들어

기지 북쪽 바다인 마리안 소만의 북동쪽은 빙벽으로 되어 있다. 땅에서 바다로 흘러들어오는 얼음이 높이 10~20미터의 절벽을 만든 것이다. 기온이 낮을 때는 빙하가 바다 가운데 와서 무너지지만, 기온이 올라가면 바다 한가운데로 나오기 전에 무너져 내리는데, 그 모습이 마치 빙벽이 뒤로 가는 것처럼 보여서 "빙벽이 후퇴한다"고 말한다.

빙벽이 후퇴하는 속도는 시간이 갈수록 빨라지고 있다. 예컨대, 후퇴한 면적을 보면, 1956년 12월부터 1994년 1월까지 37년 동안 후퇴한 면적이 그 후부터 2001년 4월까지 7년 동안 후퇴한 면적과 비슷하다. 초기에는 1년에 6미터 후퇴했으나 나중에는 54~81미터 후퇴하였다. 빙벽은 총 1,050미터 후퇴하여 마리안 소만의 모습이 바뀌었다. 곧 길이와 폭의 비율이 3 : 1 정도의 짧고 좁은 직사각형에서 4 : 1로 훨씬 길어지고 넓어졌다.

빙벽은 기온에 아주 민감하다. 1986과 1987년, 1988년 러시아 벨링스하우젠 기지에서 측정한 연평균기온은 각각 −3.3°C와 −3.6°C와 −2.6°C로 아주 낮았으며 세종기지의 1988년 연평균기온은 −2.2°C로 상당히 낮았는데,[12] 이때는 빙벽이 평균 42미터 전진했기 때문이다. 그 후 빙벽이 얼마 동안 얼마나 많

12. 1968년 2월 준공된 러시아 벨링스하우젠 기지의 기온 기록을 보면, 1980년이 가장 낮아 −4.0°C였으며, 1969년과 1975년도 각각 −3.8°C와 −3.3°C로 낮았다. 1979년이 −1.8°C로 높았고 1982년부터 1985년까지는 −1.8°C에서 −1.2°C로 아주 높았다. 1990년대에 들어서는 −1°C보다 약간 낮은 온도가 많아, 러시아 기지의 평균기온도 높아진다는 것을 알 수 있다. 세종기지에서 낮은 기온이 기록되었던 1991년과 1995년은 벨링스하우젠 기지의 연평균기온도 −3.4°C로 아주 낮았다.

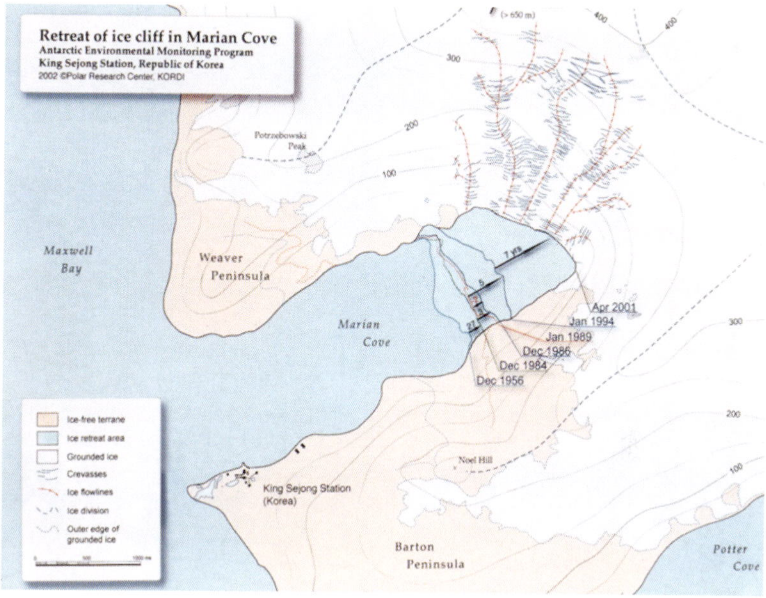

최근 과거보다 훨씬 빨리 후퇴하는 것을 보여 주는, 1956년 12월부터 2001년 4월까지 마리안 소만 북동쪽 빙벽의 후퇴 정도 (극지연구소 정호성 외, 2004)

1995년 2월 17일 얼음 아래에 파인 계곡으로 해안까지 내려왔으나 지금은 없어진, 노엘 봉 북동쪽의 골짜기를 덮었던 얼음 (제8차 월동연구대 조상걸)

1989년 여름 마리안 소만의 빙벽. 지금은 이 모습을 찾아볼 수 없다.

이 전진 또는 후퇴했는지는 사진이 없어 알 수 없지만, 1991년과 1992년에는 연평균기온이 아주 낮았으므로 상당히 전진했을 것으로 보인다. 그리고 1993년에는 연평균기온이 −0.9°C로 아주 높아서 1994년(연평균기온은 −1.8°C) 1월에는 상당히 후퇴했다가 1995년에는 다시 전진했을 것으로 추측된다.

빙벽이 후퇴하면서 눈과 얼음으로 덮이지 않는 땅도 넓어진다. 예를 들면, 1995년 2월 17일 세종기지 준공 기념식을 마친 후에 노엘 봉 북동쪽의 두꺼운 얼음 아래에 있는 골짜기로 내려왔는데, 지금은 그 두꺼운 얼음이 다 없어

호기심 많은 도미니카갈매기가 우리를 관찰하며 앉아 있는 마리안 소만의 빙벽

졌다. 그 얼음은 전해에 내린 눈으로 만들어진 1년빙이 아니라 여러 해 동안 내린 눈이 녹지 않고 쌓인 다년多年빙으로 기억된다. 덧붙이자면, 남극의 얼음은 비중이 0.8 정도로 상당히 무거운데, 만약 그 얼음이 무너졌다면 우리는 크게 다쳤을 것이다.

빙벽 아래에서는

빙벽은 주로 여름에 무너진다. 기온이 영상으로 올라가고 물이 흐르면서 크레바스가 넓어지고 얼음도 약해지기 때문이다. 남극에서 볼 수 있는 장관 가운데 하나가 바로 빙벽이 무너지는 장면인데, 기지에서는 소리만 들릴 뿐 무너지는 장면을 보기는 어렵다. 무너지는 순간을 잘 보려면 빙벽 부근의 남쪽 해안에서 몇 시간이고 기다려야 하며, 옥색의 신선한 빙벽이 아니라 무너진 지 오래되는 하얀 빙벽을 주시해야 한다. '우르릉 꽝 꽝' 하면서 무너져 내리는 얼음덩어리는 물에 잠겼다가 솟구치기를 되풀이하면서 파도는 다시 잦아든다. 빙벽이 무너지는 것을 촬영하려면 반드시 안전모를 써야 한다. 빙벽 부근의 남쪽 해안 뒤쪽 언덕에서는 얼음이 녹으면서 크고 작은 돌덩이들이 끊임없이 굴러 떨어지기 때문이다.

가끔 빙벽이 무너지는 진동이 기지에 설치된 지진계에 기록되기도 한다. 진동의 크기가 작고 지진 특유의 두 가지 파동이 분명하지 않아 빙벽이 무너질 때 생긴 진동이라는 것을 알 수 있다. 겨울에도 빙벽이 무너진다는 기록이 있으나 기지에서 소리만 들어서는 알기 힘들다.

얼음으로 덮인 크레바스는

크레바스를 조심해야

빙벽에 가까이 가면 얼음이 갈라진 틈인 크레바스가 입을 벌리고 있다. 깊이가 수십 미터에서 100미터가 넘는 크레바스는 남극을 탐험하는 데 가장 큰 장애 가운데 하나다. 자칫 잘못하면 사람이 죽을 수도 있기 때문에 아주 조심해

마리안 소만의 빙벽을 만든 얼음에 생긴 크레바스. 세종기지는 왼편 바튼 반도의 끝에 있다.(극지연구소)

야 한다. 크레바스는 위는 넓어 보여도 아래로 내려갈수록 좁아지고 깨어진 것도 불규칙해서 창을 박아놓은 함정이나 다름없기 때문이다. 크레바스가 눈에 보이면 피해서 돌아갈 수 있으나 눈으로 덮이면 그야말로 무서운 함정이 된다. 안으로 들어갈수록 시퍼런 얼음이 보이는 크레바스를 들여다보면 신기하기도 하지만 무섭다는 생각이 들기도 한다.

우리나라의 설상차도 크레바스에 빠졌던 적이 있으나 다행스럽게도 그보다 큰일은 없었다. 그러나 마리안 소만 가까운 빙원 위에서 2005년 9월 17일

위 • 기지 동쪽 빙원에 있는
바스 (극지연구소 이주한)

옆 • 1991년 겨울 세종기지
아왔던 아르헨티나 대원들.
에서 두 번째가 아우구스토
다.(극지연구소 최문영)

아르헨티나 주바니 기지의 월동대원 2명이 크레바스에 빠져 사망한 일이 있었다. 가장 높은 곳인 능선을 따라 가야 하는데, 안개 속에서 지형을 잘 분간하지 못해서 크레바스가 있는 낮은 곳으로 들어왔던 것이다. 게다가 봄이 되어 기온이 높아지면서 지면을 덮은 얼음이 약해져 이른바 '썩은 얼음'이 되기 때문에 주의해야 한다.

당시에 세종기지에서 월동했던 제18차 월동연구대(대장 홍성민 박사)는 구조요청을 받은 즉시 구조에 나섰으나, 심한 안개와 크레바스 때문에 돌아와야 했다. 다음날 아르헨티나에서 온 구조대가 구조에 나섰으나 찾지 못했고, 두 사람은 결국 한 달 후에 시신으로 발견되었다.

그중 한 사람이 1991년 월동 때 만났던 아우구스토 띠보Augusto Thibaud(45세)라는 생물학자였는데, 그가 키는 작아도 매사에 겁이 없이 앞장을 서다가 그런 일을 당했다고 생각한다. 아르헨티나 기지에서 그를 처음 만난 1991년 당시 기지에서 월동을 열네 번이나 했던 아르헨티나 육군하사관 레오나르도 구스만Leonardo Guzman 씨보다 월동을 더 하겠노라고 말하면서 그는 처음 와 본 남극을 아주 좋아했다. 그러나 1995년 다시 월동했을 때 그는 삼촌의 사업을 도와준다며 오지 않았으나 2005년에 다시 남극에 왔다가 비극을 당했다.

거의 비슷한 시기에 남극반도에 바짝 붙어 있는 작은 섬에 있는 칠레 육군의 오이긴스O'Higgins 기지 부근에서 설상차가 40미터 깊이의 크레바스에 빠져 장교를 포함해 3명이 사망한 일도 있었다.

얼음의 두께를 재어

2006/07년 여름 지구물리학자들은 기지 뒤 세종봉 남동쪽에 펼쳐진 빙원의 얼음 두께를 재는 새로운 연구에 착수하였다. 먼저 칠레 기지의 헬리콥터에

얼음 두께를 잴 준비를 하는 지구물리학자

레이더 안테나를 붙이고, 일정한 높이에서 일정한 폭으로 날면서 안테나에서 전파를 발사한 후 안테나에서 보낸 전파가 얼음층을 투과하고 반사되어 돌아오는 시간을 기록계로 기록했다. 얼음층의 두께가 100미터가 되지 않을 정도로 얇은 곳을 사람이 직접 재는 것은 아주 위험하기 때문에 헬리콥터를 이용해서 측정하고, 얼음이 충분히 두꺼워 안전하다고 생각되는 층은 스키두에 안테나를 달고 계획된 측선測線을 돌며 측정하였다.

그 다음에는 진동을 이용해 얼음층의 두께를 재었다. 곧 24개의 파동 수신기를 10미터 간격으로 얼음 속에 묻고 화약을 폭발시켜 그 진동이 얼음층을 지나오는 시간을 기록했던 것이다. 이 방법은 석유를 찾을 때 주로 쓰는 방법인데, 얼음층에서도 신호가 잘 잡혔다.

수신한 신호를 처리한 결과를 보면 기반암, 곧 눈 아래에 있는 바위의 기복이 심했는데, 이는 그만큼 지형이 험하다는 뜻이다. 또 땅이 드러난 부근에는 얼음층이 아주 얇아 두께가 20~30미터 정도였으며, 마리안 소만 안쪽으로 깊은 곳은 300미터가 넘었다(부록의 그림 4 참조). 얼음 두께가 300미터가 넘는다는 말은 그 얼음은 땅 위 수십 미터에서 100미터 정도 위에 있다는 뜻이다. 그 부근의 높이가 400미터 정도이기 때문에 이런 추측을 할 수 있다. 다른 말로 하면, 그 부근의 땅 높이가 그 정도라는 뜻이다. 그러므로 땅이 목처럼 아주 잘록하거나 그 목을 덮은 얼음이 바다 수면 아래로 계속되었을 것이다. 실제 마리안 소만의 빙벽 앞 수심이 100미터가 넘으므로 그 빙벽도 물속으로 수십 미터 내려갔다고 보아야 한다. 만약 얼음이 더 넓고 두껍다면, 어쩌면 바튼 반도는 반도가 아니라 섬일지도 모른다. 바튼 반도로 불리는 섬이 얼음으로 킹조지 섬 본토에 연결되어 있다고 상상할 수 있기 때문이다.

이 방법으로 크레바스의 벽에서 반사된 진동이 기록계에 기록되었는데, 그 기록을 컴퓨터로 처리한 결과를 보면, 폭 1미터에서 4미터가 넘는 크레바스

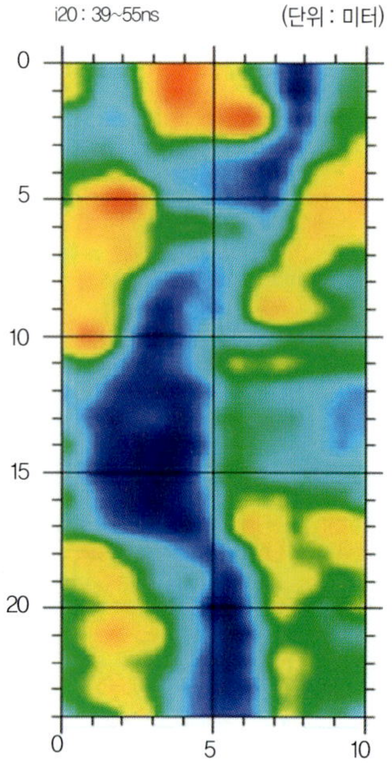

기록계에 나타난 얼음 아래에 있는 크레바스(파란 부분)(강원대학교 김기영)

가 띄엄띄엄 길게 연결되어, 크레바스의 실제 모습을 보여 준다(진한 파란색 부분이 얼음 4미터 아래에 있는 크레바스다). 이 사실을 알았던 연구 책임자인 강원대학교 김기영 교수는 설상차 운전수에게 크레바스가 있는 곳으로 가지 않도록 몇 차례나 주의시켰다. 반면에 그런 것을 모르고 과거 이곳을 지나간 설상차나 스키두는 운이 아주 좋았던 것이다. 실제로 2005/06년 여름 세종봉에서 내려다 본 빙원에는, 비록 크레바스처럼 갈라지지는 않았지만, 크레바스로 보이는 불규칙한 줄들이 많았다. 또 여름인 탓도 있지만 얼음이 아주 약해 보였다.

킹조지 섬 전체에 걸쳐 이런 조사를 한다면 킹조지 섬의 얼음 두께를 정확하게 알 수 있을 것이다. 현재 알려지기로는 (1987년 4~5월 후보지를 답사할 때라고 생각되는데) 폴란드 기지에서 얻은 킹조지 섬 안내서에 있는 두께인 평균 100미터가 맞다고 믿고 있을 뿐이다.

바다가 얼어

넓은 운동장이 생겨

세종기지의 앞바다는 겨울에 가끔 언다. 먼저 기지에서는 빠르면 4월 들어서 구명복에 튄 바닷물이 굴러 내리지 않고 얼어붙으면 겨울이 눈앞에 왔다는 것을 실감한다. 기온이 더 낮아지면 밀물에 해안으로 밀려온 얼음덩어리들이 썰물에 빠져나가지 못하고 얼어붙는다. 또 썰물에 드러난 조간대(밀물에는 물로 덮이고 썰물에는 노출되는 곳)의 바닥이 얼었다가 밀물이 들어온 뒤에도 녹지 않는, 이른바 '앵커 아이스anchor ice'가 된다. 출렁거리는 바닷물 아래에 있는 시퍼런 앵커 아이스는 자꾸 넓어져, 조간대가 넓은 세종곶의 서쪽에는 거의 100미터에 이른다. 바닷물 아래에서 얼어가는 시퍼런 얼음을 보노라면 "역시 남극은 신기한 곳이구나" 하는 생각이 든다.

가끔 바람이 없고 기온이 낮을 때에는 바닷물이 바늘 같은 침상針狀으로 어는 모습이 바깥에서 보이기도 한다. 대자연에서 생기는 얼음은 광물이며 광물학에서 말하는 육방정계六方晶系로, 수직축이 수평축보다 긴 침상 결정이다.

기지 앞바다인 마리안 소만과 맥스웰 만 안쪽은 연평균기온이 −2.0°C보다 낮은 해에는 몇 주일에서 몇 달 동안 50~60센티미터 두께로 언다.[13] −10°C의 기온이 일주일 정도 계속되고 바람이 세지 않으면 바다는 부옇게 되었다가 갑자기 언다. 물이 얼다가도 바람이 세게 불면 얼음이 깨어지고 그러다가 바람이 멎으면 금방 다시 언다. 바다가 얼면 넓은 운동장이 생기는 거나 마찬가지다(부록의 표 5 참조).

13. 2002년에는 연평균기온이 −2.3°C로 상당히 낮았으나 기지에서 알려온 바로는 7월 며칠 동안 마리안 소만이 얼었을 뿐이다.

2001년 겨울 바닷물 속에 생긴 얼음 결정들이 모인 덩어리 (기상청 정강아)

1991년 겨울 얼어붙기 시작한 바다 (국립해양조사원 심문보)

1988년 겨울 얼어붙은 맥스웰 만. 가운데 보이는 바위들과 언덕이 기지 남쪽의 펭귄 군서지다.

바다 얼음은 전부 바닷물이 언 게 아니다. 바닷물이 언 부분은 5분의 1 정도라는 말을 1988년 중국 장성長城기지의 월동대장이었던 진다허秦大河 교수한테서 들었던 기억이 있다.[14] 나머지는 눈이 쌓여서 굳은 것이다. 바다가 언 다음에도 눈이 내리고 폭풍설이 불면 얼음은 점점 두꺼워진다. 또 폭풍설이 불면 바람이 세어 눈이 날려가지만 바람이 약해진 곳에 언덕이 생긴다. 그러므로 평평하게 보이는 해빙海氷도 평평하지는 않다.

바다가 언 얼음이 평평하다면 작은 비행기가 내릴 수도 있다. 1995년 여름에 기지를 찾아왔던 아르헨티나 조종사에게 기지 앞 해빙의 두께가 50~60센

14. 난주蘭州 빙천동토氷川凍土연구소 출신인 그는 1989년 7월 하순부터 1990년 3월 초까지 장장 일곱 달에 걸쳐 남극대륙 6,400킬로미터를 개썰매로 종단하는, 6개국 6명으로 구성된 '1990년 국제남극종단탐험'에 참가했다. 그는 2003년 중국 기상청장이 되었고, 2005년 여름에는 한국해양연구원을 방문하였다.

티미터라고 하자 자기 비행기가 내릴 수 있다고 했다. 이론대로 하면 그의 작은 비행기는 얼음의 두께가 30센티미터면 착륙할 수 있다고 한다(얼음의 두께가 15센티미터면 사람이 걸어가도 안전하다고 한다).

조심해야

바다가 얼면 전부 다 어는 것 같아도 얼지 않은 부분이 있기 때문에 조심해야 한다. 1988년 겨울 바다가 얼었을 때, 헬리콥터에서 내려다 본 바다는 모두 언 게 아니어서 군데군데 지름 수백 미터의 구멍이 있었다. 단지 기지에서 볼 때 그런 구멍이 보이지 않을 뿐이다.

바다와 함께 언 빙산이나 얼음덩어리가 움직이면서 그 둘레는 깨어져 있거나 살얼음이 어는 수가 있다. 빙산이나 얼음덩어리는 바람에 밀리고 파도에 흔들리고 부딪쳐 녹고 갈라지면서 균형을 잡으려고 끊임없이 움직인다. 그렇게 깨어진 곳으로 해표가 코를 내어놓고 숨을 쉬거나 얼음 위로 오르내리는데, 이런 곳도 위험하다. 해표는 저절로 생긴 구멍을 통해 숨을 쉬기도 하지만 얼음을 갉아 지름 15~20센티미터의 숨 쉬는 구멍을 만들기도 한다. 구멍의 둘레가 매끈해, 깨어져 생긴 구멍이 아니라 갉아서 만든 것이라는 것을 알 수 있다.

기온이 낮아지고 바람이 없으면 조용한 바다는 부옇고 걸쭉하게 된다. 1991년 5월로 기억되는데 중국 장성기지를 찾아갔을 때 그 앞바다가 그랬다. 얼마 전에 있었던 탁구시합에서 우리 팀에게 베푼 호의에 대한 인사를 하기 위해 중국 사람들의 안내를 받아 겨우 올라갔다가 서둘러 기지로 돌아왔다. 그러나 그때는 바다가 얼기 직전이어서 올라가지 말아야 했는데, 우리 기지 부근에는 그런 곳이 없어 너무 쉽게 생각했던 것이다. 불운하면 이런 일이 불

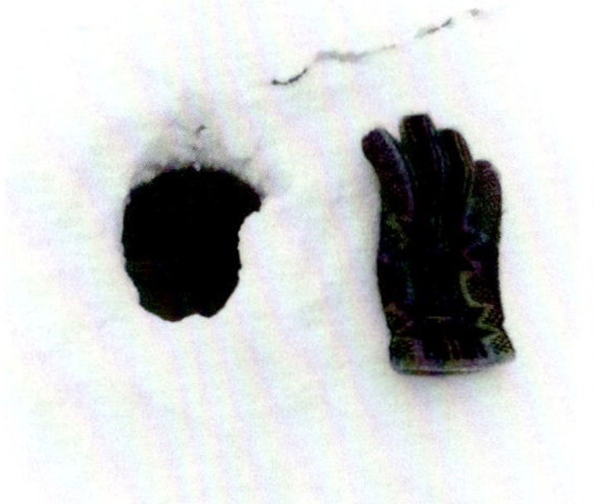

위 왼쪽 • 웨들해표가 뚫어놓은 숨 쉬는 구멍

위 오른쪽 • 웨들해표가 드나드는 구멍

옆 • 구멍 속으로 사라지는 웨들해표

행하게 발전될 수도 있다고 생각하면 지금도 소름이 돋는다.

한편 기지에서는 세종봉만 보이고 바튼 반도에서 제일 높은 노엘 봉은 보이지 않는다. 그러나 바다가 얼 때 기지에서 북동쪽으로 1.5킬로미터 정도 가면 두 봉우리를 모두 볼 수 있는데, 이런 경우가 흔하지 않아서 노엘 봉과 세종봉이 보이는 기념사진을 남기기도 한다.

마리안 소만과 맥스웰 만, 필데스 반도의 해안 결빙 상태는 각기 다른데, 이런 차이는 바다가 얼기 직전에 더욱 커진다. 예컨대, 기지 바로 앞은 얼지 않았어도 바람이 섬에 가려지고 조용한 중국 기지의 앞바다는 얼기 직전일 수 있다. 그러므로 우리 기지 앞이 얼지 않았다고 다른 기지 앞이 다 얼지 않은 것은 아니다.

바다가 얼었을 때, 밀물이 되어 해면이 아주 높아지면 얼음이 삐걱거리면

1995년 겨울 제14차 월동연구대의 기념사진. 기지 앞바다가 얼어 바튼 반도에서 제일 높은 노엘 봉(왼쪽)과 세종봉이 다 보인다.(한국해양연구원 소재귀)

얼어붙은 해면에 생긴, 찢어지고 솟아오른 틈

1991년 늦은 여름 남극 세종기지 부두의 동쪽 해안(국립해양조사원 심문보)

1991년 겨울 얼어붙은 기지 앞바다에 조석으로 깨어져 생긴 불규칙한 금(국립해양조사원 심문보)

서 좁고 길게 깨어지는 수가 있다. 그러면 깨진 얼음 틈으로 바닷물이 솟아오르고 금방 얼어서 높이 5센티미터에 폭 5~10센티미터 정도의 주름이 생긴다. 이런 주름은 해안 가까이에 네댓 줄이 수십 센티미터의 간격을 두고 해안을 따라 수십 미터 넘게 계속되기도 한다. 바다 전체가 높아진다면 바다 가운데보다는 해안을 따라 얕은 쪽이 깨어질 것이다. 바다 가운데야 한 덩어리로 움직이겠지만 해안 쪽은 아무래도 얼음덩어리 같은 물질과 얼어붙은 부분이라 그 일부가 깨어질 것이기 때문이다. 그러나 이런 현상은 조차潮差가 아주 커서 바다가 언 다음에 해면이 아주 높아져야 나타나기 때문에 자주 볼 수 있는 현상은 아니다.

또 얼어붙은 해면이 30~40센티미터 크기로 찢어지는 경우도 있다. 그런 틈이 생기는 순간을 본 기억이 있는데, 얼음 틈에 있던 공기가 밀물에 압축되어 솟아오르는 것으로 보인다. 물이 솟아올라 어는 게 아니라 그냥 찢어진 상처가 생길 뿐이다.

9월이나 10월 들어 맥스웰 만의 얼음이 심한 바람에 입구부터 깨어지면서 마리안 소만의 얼음도 출렁거리다가 야금야금 깨어진다. 그 다음에 드러난 검푸른 바다가 다시 얼지 않으면 "겨울이 끝났구나!" 하는 아쉬움이 진하게 솟구친다.

바위와 자갈인 땅

기지 부근의 지형은

낮고 평탄하지만

남극 세종기지 주변에는 피오르가 있다. 앞에서 말한 맥스웰 만과 마리안 소만뿐만 아니라 필데스 반도와 위버 반도 사이의 콜린스 포구와 넬슨 섬의 북동쪽 끝에 있는 에드겔 만도 피오르다. 이들은 안쪽으로 들어가면서는 피오르답게 지형의 경사가 아주 심하고 상당 부분 절벽을 이루며, 아주 안쪽은 빙벽으로 되어 있다.

바튼 반도의 해안을 따라서 약간 높은 곳에서는 킹조지 섬이 오래전 얼음에 덮였을 때의 해안, 이른바 고해안古海岸을 볼 수 있다. 둥글둥글한 자갈이 지금의 파도의 힘으로는 노서히 올라올 수 없는 곳에 쌓여 있는 곳이 바로 고해안이다. 해면 가까이 낮은 곳에 있는 고해안에는 지의류가 자라서 상당히 오래전에 땅에 노출되었음을 가리킨다. 고해안은 세종봉 중턱, 높이 80~100미터 정도인 꽤 높은 곳에도 있다. 고해안은 세종기지 가까운 곳에도 있지만 바튼 반도의 남쪽 해안은 사람이 덜 찾아와 더 잘 보존되어 있기 때문에 아주 뚜렷하다.

옛날 바닷가였던 기지 남쪽 해안과 중턱의 평평한 곳

남극에서는 기계풍화작용이 심해 절벽과 돌덩이나 자갈이 끊임없이 깨어지고 부스러진다. 겨울에는 절벽이 깨어져 얼음 위에 얹혔다가 얼음이 녹으면서 함께 굴러 내린다. 절벽이나 비탈의 바위가 깨어져 내리는 현상은 절벽 아래에서 아주 뚜렷하다. 또 눈이 오는 정도는 빙퇴석氷堆石의 양과 운반에 영향을 주어서 빙퇴석으로 흘러내리는 퇴적물의 양과 그에 덮이는 지면의 위치와 크기, 정도도 달라진다. 또 눈이 녹아 흐르는 양에 따라 지면에 생기는 물이 흐르는 골짜기도 달라진다.

남극에서는 남향보다는 북향 사면의 눈이 잘 녹는다. 그러므로 기지 동쪽 사면의 눈이 기지에서 건너다보이는 위버 반도 남향 사면의 눈보다 일찍 녹는다. 눈은 기온이 영상일 때보다 비가 올 때 눈에 띄게 많이 녹는다. 해마다 다르지만, 눈이 적게 오면 기지 주변의 눈은 12월이 시작되기 전에 거의 다 녹는다.

기지 높은 곳에서 보이는 빙원. 군데군데 크레바스가 보인다.

기지의 남쪽 약간 높은 곳에는 크고 작은 웅덩이가 있는데, 여름에는 눈에 띄어 문제가 되지 않지만 눈에 덮이면 땅과 웅덩이를 구별하기 힘들기 때문에 눈이 내린 다음에 설상차나 스키두로 그곳에 갈 때는 조심해야 한다. 지면은 자갈이지만 웅덩이 바닥은 펄이 많고 단단하지 않아서 한번 빠지면 설상차의 궤도바퀴가 헛돌아 빠져나오기 힘들기 때문이다. 초기 월동연구대의 설상차가 빠졌다가 러시아 헬리콥터의 도움을 받고서야 빠져나온 적이 있었다.

높은 곳에서는

날씨가 맑은 날에는 기지 남쪽 높은 곳에 올라가면 남동쪽으로 멀리 남극반도의 끝과 그 부근의 섬들이 보인다. 120킬로미터 정도 떨어져 있어서 분명하게 보이지는 않아도 큼직큼직한 덩어리와 큰 골짜기가 보여, 남극반도의 지형을 짐작하게 한다. 남극반도는 안데스 산맥의 연속으로 지형이 아주 험하다. 또 남서쪽으로 보이는 넬슨 섬은 얼음으로 완전히 덮여 둥근 대야를 엎어놓은 모양이다.

넬슨 섬의 얼음 평지 위로 남서쪽 멀리 험준한 산이 보인다. 바로 리빙스턴 섬의 프리즐랜드Friesland 산(1,790미터)이다. 세종봉에 올라가면 동쪽과 북쪽으로 빙원이 끝없이 펼쳐진다. 아마 남극의 매력 가운데 하나는 그런 빙원을 보며 느끼는 감격일 것이다. 그 빙원을 북동쪽으로 넘어가면 폴란드 아르토스키 기지가 나온다.

위버 반도에서 가장 높은 서울봉에 올라가면 노엘 봉과 세종봉이 손에 잡힐 듯이 가까이 보인다. 그렇게 가깝게 보이더라도 빙원을 걸어서 가는 것은 무리다. 언제인가 단단히 준비를 하고 빙원을 걸어서 건넌 사람은 가도 가도 끝이 없었다고 말했다. 앞에 있는 얼음 능선이 아주 가깝다고 생각했는데 실제로는 그렇지 않았던 것이다. 남극은 공기가 대단히 깨끗해서 먼 곳이 아주 가깝게 보이기 때문이다. 듣기로는 실제 거리의 3분의 2 정도로 보인다지만, 내 느낌으로는 4분의 1 정도밖에 안 되는 것 같았다.

날씨에 따라 다르겠지만, 빙원에는 거의 언제나 바람이 분다. 바람에 눈이 낮게 날려 설상차 앞 땅바닥이 보이지 않으면 설상차가 앞으로 나가지 못한다. 1991년 10월 설상차로 폴란드 기지에 가겠다고 아르헨티나 기지 뒤쪽 빙원에 올라섰다가 낮게 날리는 눈과 안개 속에서 하룻밤을 헤맸던 기억이 있다. 다행히 다음 날 아침 낮게 깔린 안개 속에 솟아 있는 아르헨티나 기지 옆의 삼형제봉을 보고 기지로 돌아올 수 있었다. 앞이 보이지 않는데 계속 앞으로 간다는 것은 무모한 짓이다. 그런 때에는 생존교과서에 있는 대로, 그 자리에서 날씨가 좋아지기를 기다려야 한다. 그렇지 않고 움직이면 체력이 고갈되어 조난당할 우려가 있다.

기지 부근의 지면은

얼고 녹으면서

세종기지 부근의 지면은 연중 상당 기간 동안 얼음으로 덮여 있고 풀 같은 식물이 자라지 않는다. 또 영구동토永久凍土보다 얕은 곳은 계절에 따라 얼고 녹는 것을 되풀이한다. 이런 특징들은 우리나라에서는 보기 힘든 몇 가지 현상을 만든다.

첫째, 얼음이 녹으면서 남극의 지면은 알게 모르게 깎여서 흐르는 물에 미세한 진흙이 운반된다. 그러므로 시간이 가면서 주춧돌이 가라앉아 위에 놓인 컨테이너가 들뜨기도 한다. 또 송유관을 받친 기둥의 주춧돌이 가라앉아 송유관이 허공에 떠 있기도 하며, 저유탱크로 올라가는 사다리가 허공에 떠 있기도 한다.

둘째, 지면이 얼고 녹는 것을 되풀이하면서 굵은 자갈과 점토가 분명하게 나뉘는 여러 모양의 구조토構造土가 생긴다. 지면이 평평하면 5~6각형이나 둥그스름한 다각형의 구조토가 생기는데, 다각형의 크기는 수십 센티미터에서 1미터에 이른다. 또는 불규칙한 구조토가 생기기도 하고, 경사진 곳에서는 굵은 자갈과 점토가 나누어져 지면이 기울어진 방향으로 평행한 띠를 길게 만드는 평행구조토가 생긴다. 띠의 폭은 좁으면 10센티미디 정도이고, 넓으면 수십 센티미터에서 1미터 이상에 이른다.

지면이 깎여 기둥이 가라앉아 송유관이 떠 있는 모습

셋째, 이러한 지면의 특성에 따라 (저위도와 달리) 남극에서는 시간이 가면서 땅속에 묻힌 물질들이 솟아오른다. 곧 땅속에 묻힌 물체는 지면이 얼 때 어느 정도 솟아

굵은 자갈과 점토가 나누어진 구조토

오르는데, 지면이 녹더라도 제자리로 돌아가지는 못한다. 원래 위치로 돌아가지 못하는 정도는 물체 자체와 주위를 둘러싼 물체들의 크기와 모양, 비열과 함수율含水率, 크기가 다른 물체들이 섞인 비율을 포함한 여러 인자의 영향을 받는다. 예를 들면, 물을 많이 함유하고 있는 점토 같은 작은 입자들은 얼음이 녹아 물이 흐르면, 물과 함께 큰 자갈이나 물체의 아래나 사이로 흘러내려가고 스며든다. 그러면서 큰 물체는 가라앉아도 원래의 자리로 돌아가기가 아주 어려워진다. 예를 들면, 5.0밀리미터 밀려올라왔다가 4.9밀리미터 내려가는 식이다.

그래서 남극에서는 땅에 묻힌 것이 시간이 가면서 위로 솟아오른다. 세종기지 건설 당시(1987/88년) 땅에 묻었던 쓰레기들은 아직도 기지가 해결해야 할 문제 가운데 하나다. 제4차 월동(1990/91년) 때부터 노출된 쓰레기를 발견해 치우기 시작하여 제8차 월동(1994/95년)과 제14차 월동(2000/01년) 때도 많은 양의 쓰레기를 치웠다. 그사이 언제인가 연구소에서는 칠레 인부들을 고용해 노출된 쓰레기를 치우기도 했다. 그러나 2008/09년에도 아직도 새빨갛게 녹슨 철물과 전선이 땅 위로 드러나 있었다. 또한 해안이 무너지면서 땅속에 묻었던 쓰레기가 비탈에 노출된다. 잘 알다시피, 남극에서는 환경보호를 위해 쓰레기를 묻지 못하게 한다. 그런 규정도 지켜야 하겠지만, 그런 금지 규정이 없더라도 쓰레기를 묻어서는 안 된다.

또 2009년 1월 세종기지에서 발견된 작은 동물의 머리뼈도 얼고 녹기를 되풀이하면서 땅 위로 올라와 도둑갈매기들에게 뜯어 먹히고 결국 기지까지 옮겨진 것으로 보인다. 그 머리뼈는 칠레 기지의 가족이 데리고 왔던 애완동물이 죽은 다음 땅에 묻었으나 시간이 가면서 노출된 것이라고 생각된다. 남극에 진출한 나라들이 1991년 10월에 체결한 '환경보호를 위한 남극조약 의정서', 일명 '마드리드 프로토콜Madrid Protocol'이 제정된 이후로 애완동물을 남극에 가져올 수 없게 되어 있다.

땅이 갈라지고 파여

남극의 지면은 풀이 없어서 흐르는 물에 쉽게 파인다. 게다가 비가 와서 눈이 한꺼번에 녹으면 물길은 사람이 감당하지 못할 정도로 격렬해져 깊은 골짜기가 파인다. 기지 동쪽 세종봉 서쪽의 평지에 쌓인 눈이 녹으면 그런 골짜기가 쉽게 생긴다.

기지 남쪽 약간 높은 곳에는 크고 작은 웅덩이가 있는데, 이 웅덩이가 눈에 덮이면 웅덩이인지 평지인지 구분하기 힘들다. 또 비탈과 작은 골짜기들도 눈에 덮이면 평탄하게 보여 실제 상태를 알기 어렵다. 그러므로 눈이 덮인 곳에서는 걸어갈 때도 조심해야 하지만 설상차나 스키두를 운전할 때는 더욱 조

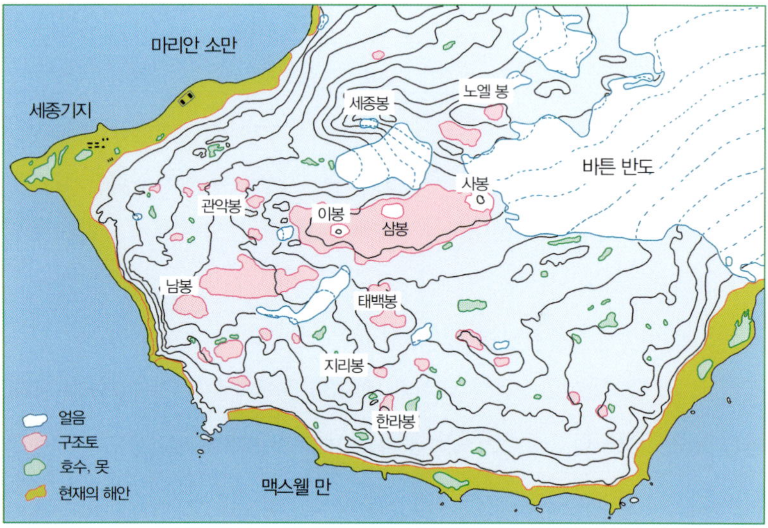

바튼 반도의 지면도(제16차 월동연구대 전용문 외, 2009)

심해야 한다.

얼음은 흘러내리면서 얼음 아래에 있는 바위와 돌을 깎고, 단단하지 않은 광물이나 돌조각을 갈아서 가루로 만든다. 이런 바위와 자갈, 모래와 돌가루는 얼음과 함께 흘러내리면서 얼음이 녹으면 대개는 그 자리에 남아서 쌓인다. 이런 것을 지질학에서는 '얼음이 운반한 퇴적물'이라는 뜻으로 '빙퇴석氷堆石'이라고 한다. 또 얼음에 깎여서 밀가루보다 입자가 고와진 돌가루는 햇빛에 산란되어 빙퇴석에서 흘러내리는 물은 부연 옥색을 띤다. 빙퇴석은 얼음 아래에 있는 바위와 돌을 가리켜 준다는 점에서 중요하다.

기지 주변에서는 과거와 현재의 빙퇴석을 여러 곳에서 볼 수 있다. 예컨대, 기지 뒤쪽 언덕에는 지금은 지의류가 자라지만 잘 보면 옛날에 흘러내린 빙퇴석의 흔적을 볼 수 있다. 또 바튼 반도의 남쪽 끝, 곧 세종봉에서 남동쪽으로 흘러내리는 빙하의 끝에서는 지금 쌓이는 빙퇴석을 볼 수 있다(그 빙퇴석에는 갈

기지 남쪽 해안 동쪽 끝에 있는 빙퇴석. 아래는 바닷물에 둥글게 갈리고 분급된 자갈이 보인다.

매기들이 둥지를 짓는다). 또 빙퇴석이 흘러서 바다로 밀려들면서 파도의 힘으로 큰 것들과 작은 것들이 나누어지는, 이른바 분급分級되는 현상을 볼 수 있다. 또 모가 난 돌덩이와 자갈은 서로 부딪쳐 둥글게 된다. 이런 점에서 그곳은 지질학 현상을 눈으로 볼 수 있는 실험실이다.

기지의 지면과 지형은 시간이 가면서 바뀐다. 곧 빙퇴석이 흘러내리는 정도와 방향, 눈이 오는 정도가 달라지고 바람이 강해서 지면이 깎이고 급경사는 무너지기 때문이다. 다른 곳은 몰라도 기지에서 펭귄 군서지로 가는 동쪽 경사지는 최근에는 상당히 바뀌었고, 세종봉 아래쪽 비탈도 물에 깎여서 없던 골짜기가 생겼다. 반면에 기지 뒤쪽에 있던 골짜기는 없어진 듯하다. 위버 반도에 있는 은신처 부근의 지형도 빙퇴석 때문에 상당히 바뀌었다.

기지 부근에서는 가끔 땅속의 얼음이 녹으면서 땅이 갈라져 무너져 내리는 수도 있다. 이는 자주 생기는 현상은 아니지만 세종기지 뒤쪽 높은 곳에서 가끔 볼 수 있다. 이런 현상이 아주 커지면 위험한데, 땅속에 있는 얼음덩어리를 땅 위에서는 알기 어려워 땅인 줄 알고 마음을 놓았다가 얼음이 깨어지고 그 아래 물이라도 콸콸 흐르면 강물에 흘러가는 격이 되기 때문이다.

세종기지에서는 그렇게 위력이 큰 경우를 보지 못했으나 2002년 4월 29일 북극 다산기지 준공식 때쯤 스키두를 타고 가다가 스키두와 함께 실종된 노르웨이 여자는 그런 경우라 생각된다. 얼음이 사람의 무게는 견딜지 몰라도 스키두의 무게는 견디기 힘들 것이다.

기지 부근의 해안은

서쪽과 북쪽 해안은

세종기지의 서쪽 해안과 북쪽 해안은 크게 다른데, 서쪽 해안은 평평해 조간대가 넓다. 서쪽 해안을 만든 맥스웰 만은 파도가 심해 바닥은 돌덩이로 되어 있거나 기반암이 노출된다. 또 큰 얼음덩어리에 눌렸던 둥그스름한 자리들이 있는데, 그 자리는 주변보다 약간 파여 있고 바닥 자갈들의 크기는 주변의 자갈보다 약간 작아 눈에 띈다. 밀물에 물로 덮이는 돌덩이에서는 삿갓조개가 자라며, 평평하고 약간 들어간 자리에서는 해조류가 생장한다. 또한 조간대의 바닥은 심한 파도에 다져져 아주 단단하다(이런 해안을 구조해빈構造海濱이라고 불렀다).

반면에 기지의 북쪽 해안은 서쪽 해안만큼 조간대가 넓지 않고, 파도가 세지 않아서 돌덩이의 크기가 작다(그러나 서쪽 해안으로 가까이 가면서는 돌덩이들이 크고 단단해진다). 여기에도 얼음덩어리에 눌린 자국들이 있지만 여름에는 사라지고 바뀌는 것으로 생각된다. 마리안 소만의 안쪽으로 들어갈수록 자갈의 크기는

방금 기지 부근 해안 위로 밀려 올라와서 색깔이 아직 변하지 않은 크릴 무리

작아지며 아주 안쪽에는 피오르를 만든 기반암이 노출되어 바위 해안이 된다. 겨울에도 그렇겠지만 봄이 오면서 얼음이 녹아 크고 작은 자갈들이 굴러 내리기 시작한다. 해안 바로 옆은 절벽에서 굴러 내린, 모가 난 큰 돌덩이들로 된 경사가 급한 비탈이다. 또 사람이 올라갈 수 있는 마리안 소만의 동쪽 빙벽에 가장 가까운 해안은 얼음이 녹으면서 위에서 굴러 떨어진 자갈들로 되어 있다.

기지에서 겨울을 지내면 가끔 크릴이 해안으로 몰려오는 수가 있다. 아침에는 바닷가가 빨갛게 될 정도로 크릴들이 올라와 있고, 크릴을 먹으려고 갈매기를 비롯해 온갖 종류의 새들이 몰려든다. 그러나 크릴은 곧 허옇게 변한다. 날이 어두워지면 크릴은 수면 가까이 올라오는데 그때 바람이 불어서 해안으로 밀려 올라온다고 설명된다. 그러나 특별히 센 바람이 불지 않아도 크릴이 올라온 경우도 있어서 좀 더 관찰할 필요가 있다.

바다에 있는 작은 식물들인 규조硅藻를 먹고 사는 크릴은 가는 앞다리로는 먹이를 잡고 뒷다리로만 헤엄친다. 길이 4~5센티미터의 크릴이 웅덩이 속에서 움직이는 것을 보노라면 이렇게 작은 것들이 얼마나 많기에 남빙양의 고래와 수많은 펭귄을 먹여 살리는가 하는 생각을 하게 된다. 한편 크릴을 비롯해 많은 동물들이 물속이나 하늘에서 군인처럼 질서 있게 한꺼번에 움직이는 이유를 설명하는 것이 21세기 생물과학의 큰 과제라는 글을 읽은 기억이 있다. 그러고 보니 정말이지 엄청난 숫자의 동물들이 한 마리처럼 움직이는 게 신기할 뿐이다.

세종기지에서 동쪽으로 1킬로미터 정도 떨어져 있는 높이 3~4미터 되는 바닥은 평평하고 이끼가 잘 자라서 사람이 쉬기에 알맞다. 그곳은 1960년대 바튼 반도의 지질을 조사한 영국인들이 텐트를 쳤던 곳으로 보이는데, 실제로 그들이 머물렀던 흔적을 찾을 수 있다. 곧 1988년 제1차 월동을 했을 때 찾아내었던 성냥, 볼펜, 초를 싼 비닐뭉치와 병 · 캔 · 로프 조각은 그 사실을 증명해 준다. 지금도 그곳에서 볼 수 있는 돌덩이들은 그들이 천막을 치는 데 썼던 것으로 보인다.

바튼 반도의 남쪽 해안, 곧 포터 소만의 북쪽 해안은 넓고 평평하다. 그래도 파도가 심해 암초와 바위가 드러난 곳도 많지만, 암반이 평평하고 넓은 곳도 있으며 높은 탑처럼 솟은 바위들도 있다(그 바위에서는 새들이 둥지를 튼다). 옛날의 해안이 둥근 자갈로 덮인 채 평평하게 나타난 곳도 있다. 호수도 있지만 워낙 얕아서 눈이 다 녹으면 늪이 되었다가 다시 맨땅이 된다. 이끼와 남극좀새풀 같은 식물들이 아주 많은 이 지역으로 코끼리해표와 웨들해표가 적지 않게 모여들며, 인적이 적어 표범해표도 가끔 올라온다.

동물들의 사체와 뼈가 발견돼

물이 빠진 후 조간대에서는 가끔 해양생물들을 볼 수 있다. 예컨대, 제1차 월동 때 잡았던 등각류等脚類가 그런 생물이다. 그날도 여느 때와 마찬가지로 해안을 걷다가 발견한 큼직한 등각류의 배에는 방금 부화한 수십 마리의 작은 새끼들이 엉겨 붙어 있었는데, 기지로 가지고 와서 포르말린에 넣어 그대로 보존했다.

크릴이나 물고기, 성게, 불가사리, 살파salpa, 해파리를 줍기도 했다. 해파리 계통인 살파는 투명하고 부드러운 몸에 붉은 점이 있는 3~4센티미터의 크기로, 여러 개가 연결되거나 하나씩 물에 떠서 사는 동물이다. 수명이 1년이 되지 않는 살파는 그 전해에 바다가 덜 얼어 해빙海氷이 적다는 증거며, 5년 넘게 사는 크릴은 그 반대를 가리킨다. 크릴의 먹이는 해빙 아래의 얼음조류이므로 해빙이 많으면 크릴도 많다. 한편 누르스름하고 수 미터가 되어 마치 뱀처럼 보이지만 물렁거리고 쉽게 끊어지는, 이름이나 소속을 알 수 없는 동물도 있다.

조간대로는 어쩌다 동물들의 두개골이 떠오는 수가 있다. 몇 년 전 어느 날 오후 부두 동쪽 조간대를 걷다가 모래밭 가운데 하얀 게 눈에 띄어 가까이 가보니 남극물개의 머리뼈였다. 머리뼈는 아주 잘 보존되어서 이빨도 안쪽에 난 작은 어금니 한두 개를 빼고는 앞니까지 나 있었다. 턱 천장에 골막骨膜이 누렇게 붙어 있으나 더러운 냄새는 전혀 나지 않았다. 지금 그 조간대는 자갈들로 덮여 있는데, 그때는 아마 파도가 약해서 굵은 모래가 쌓였다고 생각된다. 지금처럼 자갈들이 쌓일 정도로 물의 힘이 세었다면 동물의 뼈는 모두 부서졌을 것이다. 또 해안으로는 가끔 가마우지나 남극물개, 웨들해표의 사체가 파도에 밀려오기도 하는데, 이는 동물이 죽은 다음 가라앉기 전에 떠다니

기지 해안으로 가끔 밀려오는, 분류학에서 소속을 알 수 없는 동물

다가 자갈밭 위에 얹힌 것이다.

해안에서 발견되는 해표와 물개, 펭귄의 사체나 뼈는 우리나라에는 없는 좋은 연구 재료와 표본이기 때문에 수집하여 연구하는 것이 필요하다. 그러나 이를 활용하기 위해서는 처리할 약품과 기술이 있어야 한다.

이런 뼈와 사체를 보면서 혹시 1993년 5월 맥스웰 만에서 실종된 체코 사람들의 시신이나 유골이나 유품이 떠올지 모른다는 생각에 1995년과 2001년에 월동했을 때 해안을 유심히 살폈던 기억이 있다. 그들이 탔다는 카약은 브랜스필드 해협으로 흘러나갔을 것이며 노와 배낭 같은 것은 흩어져 바위틈에서 모두 부서졌거나 헤어졌을 것이다. 그들의 시신은 맥스웰 만 깊은 곳에 가라앉았겠지만, 앞에서 말한 남극물개의 위턱뼈처럼 언젠가 일부라도 나타날지 모른다.

덧붙이자면, 남극 세종기지 부근에서 해표나 남극물개의 뼈를 채집하려면

기지 해안에서 볼 수 있는 고래 뼈

아무래도 인적이 없는 곳이 좋을 것이다. 그런 곳 가운데 쉽게 갈 수 있고 위급할 때 은신할 만한 곳이 필데스 반도의 서쪽 해안, 곧 칠레 기지의 비행장 뒤쪽이다. 킹조지 섬의 남서 해안이자 드레이크 해협의 남쪽 해안인 그곳에는 브라질 은신처인 람보Rambo와 코끼리해표 관찰을 위한 러시아 기지의 연구 은신처인 프리로다Priroda가 있기 때문이다. 나아가 거기서 뼈를 채집하려면 러시아 기지와 칠레 기지, 우루과이 기지에 미리 통보해서 위급할 때 그들의 노움을 받을 필요가 있다. 실제로 두 은신처는 러시아 기지보다는 우루과이 기지에서 더 가깝다. 또 이곳은 드레이크 해협에서 강한 바람이 끊임없이 불어오므로 이에 대한 준비도 해야 한다.

해안선이 무너져

세종기지에서 분명하게 눈에 띄는 현상 가운데 하나는 기지의 북쪽 해안, 곧 마리안 소만의 남쪽 해안선이 무너져 침식된다는 사실이다. 예컨대, 제8차 월동연구대 전반기(1995년)에는 1.6미터 정도 무너졌다. 제11차 월동연구대가 부두 동쪽에서 관찰한 바로는 1998년 1월 초에서 4월 초까지 석 달 동안 70센티미터가 무너졌고, 월동을 끝낼 때인 12월 초까지 10센티미터가 더 무너졌다. 흙벽인 해안선은 밀물 때 파도가 심하면 무너져 내리므로 평균 매년 얼마나 무너진다고 말하기는 어렵다.

최초의 해안선을 모르기 때문에 침식된 양을 분명하게 말할 수는 없지만, 해안이 무너져 흙물이 퍼져 바닷물이 누렇게 되는 것으로 보아 무너졌다는 것을 알 수 있다. 단지, 부두 동쪽에 기지를 건설할 때 주거지로 설치했던 40피트 컨테이너의 위치와 그 아래에 노출되었던 고무관의 길이로 보아, 적어도 수 미터 정도 될 것이라 추정할 뿐이다. 해안선이 침식된다는 사실을 생각하지 못해 해안선을 정확하게 측량하지 못한 것이 안타까울 뿐이다.

해안선이 무너지는 것은 새로 지은 생활동 앞도 마찬가지다. 곧 부두의 서쪽 해안선도 2007년 말부터 2009년 초에 걸쳐 생활동을 지으면서 자갈과 흙으로 4~5미터 넓혔지만 무너지고 있기 때문에 이것을 막는 공사를 해야 한다. 부두 동쪽도 보수공사를 하지 않으면 현재 놓인 20피트 컨테이너의 북쪽 기초가 노출될 것이다. 이 작업은 시기를 놓쳐서는 안 되기 때문에 서둘러 시작할 필요가 있다.

무너지는 해안선은 강철 시트를 박아서 어느 정도 막을 수 있다. 강철 시트를 박는다면 공사 장비가 들어설 높이를 고려할 때 부두의 서쪽이 작업을 하기에 훨씬 쉬워 보인다. 당연히 부두의 동쪽을 포함하여 작업을 할 정확한

붉은 창고 건물이 보이는, 무너지는 기지의 부두 옆 동쪽 해안

무너지는 부두 옆 서쪽 해안

가운데 네모난 콘크리트 덩어리는 해안이 무너져 드러난 컨테이너의 기초

선線과 시트를 박아서 만들 지형의 모양(곧 직선 여부), 작업의 시작 지점과 끝 지점 같은 것은 해양공학 전문가가 설계해야 하고, 필요하면 시공에 필요한 자료도 주어야 할 것이다. 상식으로 보면 해저 지형과 조류의 유향·유속, 조차 같은 자료가 있어야 할 것이다. 지금도 유향과 유속을 제외한 조석과 해저 지형에 대한 간단한 정보는 있으나 더 자세한 정보를 확보할 필요가 있다.

기지 부근의 바위와 화석은

화산암이 많아

기지 부근에서는 오랫동안 얼음에 덮여 있다가 얼음이 녹으면서 땅이 드러나는데, 얼음에 오래 눌린 바위는 가끔 얼음에 깎인 흔적을 남긴다. 예컨대, '빙하조선氷河條線'이라고 불리는, 이리저리 나 있는 곧은 선들이 그런 증거다. 얼음에 끼였던 바위 조각에 갈린 흔적이다. 또 매끈한 바위 면도 얼음에 깎여 생긴 것이다. 이러한 흔적은 세종기지 부근이나 넬슨 섬의 바위에서 가끔 볼 수 있다.

기지 부근에 있는 지층 가운데 가장 오래된 것은 기지 남쪽 해안을 따라 분포하는 두껍지 않은 세종층이다. 이 지층은 연한 초록색의 화산재와 회색과 자주색 자갈이 굳은 바위와 녹색-녹회색의 모래바위, 그보다 더 작은 가루로 된 바위로 되어 있다. 이 지층에서 작은 조각으로 깨어지는 자주색 바위에서는 주로 너도밤나무의 잎과 고사리처럼 약 3,000만 년 전(남극반도가 남아메리카와 나누어지기 전) 지금보다 덜 추웠던 때에 생장했던 식물들의 화석이 발견된다. 너도밤나무는 지금도 남아메리카 남부지방에 많다. 한편 화석을 신기하게 생각하는 사람들이 기념으로 한두 개씩 주워 가면서 그렇지 않아도 드문 화석들이 사라질까 염려스럽다.

세종층은 그 후에 여러 종류의 심성암深成巖에 관입貫入되었거나 화산 폭발로 흘러나온 화산암으로 덮여 있다. 심성암은 마그마가 땅속 깊은 곳에서 천천히 식으면서 생긴 화성암인데, 세종봉이 이러한 심성암으로 되어 있다. 바위들이 땅 위에 나타나기 전 얼음에 눌리거나 깎이고, 바닷물에 깎여서 땅 위에 드러난 다음에는 얼음에 깨어져 깎이고 갈라짐에 따라 지형은 상당히 험해진다. 펭귄 군서지의 높은 바위들, 이른바 촛대바위를 포함해 남쪽 해안에 군

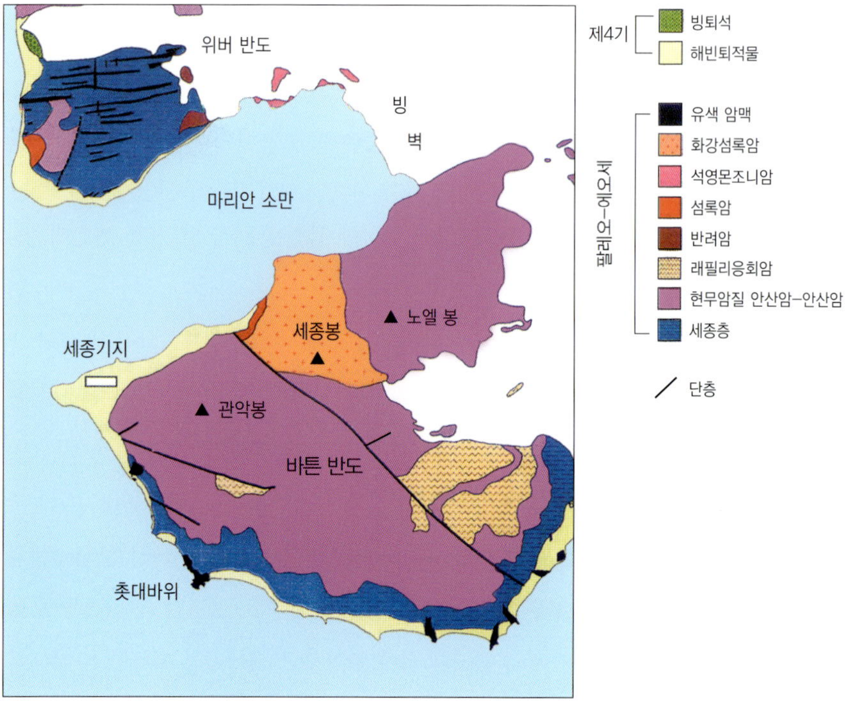

바튼 반도의 지질도(극지연구소 이종익)

데군데 높게 솟은 바위들은 세종층을 뚫고 나온 두껍지 않은 암맥岩脈들인데, 풍화를 덜 받아 높게 솟아 있다. 바튼 반도에는 북서-남동 방향으로 큰 단층斷層이 지나간다. 이 단층을 따라 남동쪽에는 큰 골짜기가 생겼다. 이 골짜기의 끝에서는 규화목硅化木 화석이 나온다는 말을 아르헨티나 사람에게서 들은 적이 있다.

식물 화석을 포함해 기지 주변의 지층은 지질학에서 말하는 이른바 고제3기의 팔레오세-에오세다. 고제3기는 신생대 제3기에서도 오래된 3기를 말하며 팔레오세는 6,550만 년 전부터 5,580만 년 전까지이며 에오세는 5,580만 년 전부터 3,390만 년 전까지를 말한다. 한마디로 기지 부근의 지층은 4,000만

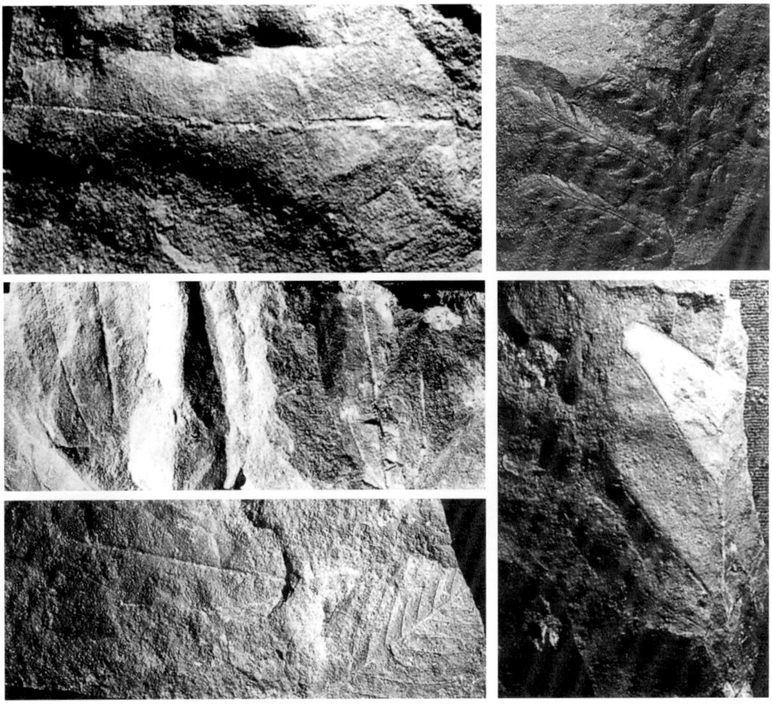

바튼 반도에서 발견된 식물 화석(한국지질자원연구원 전희영 외, 1994)

년에서 5,000만 년 정도 되었다고 보면 된다.

1989/90년 여름 제3차 하계 연구에 참가했던 지질학자는 기지 남쪽에서 규화목을 발견했는데, 그 후 규화목이 다시 발견되었다는 말은 듣지 못했다. 규화목을 발견했던 지질학자는 기지 부근에서 대표가 되는 바위와 광석을 모아서 전시했다(그가 찾아낸 유황은 불이 붙었다!). 그러나 시간이 가면서 설명서가 하나둘 없어지고 바위들의 자리가 바뀌어 이제는 짝을 찾기 어려워진 게 안타깝다.

가끔 해안에서 바튼 반도에는 없는 바위, 예컨대 둥글게 다듬어진 수 미터 크기의 허연 화강암 덩어리들을 볼 수 있다. 주로 바튼 반도의 남쪽 해안에서

얼음에 끼여 떠돌아다니는 바위와 자갈. 이들은 표석이 되기도 하며 바다에 가라앉기도 한다.(극지연구소 유인성)

볼 수 있는 이런 바위를 지질학에서 '떠돌아다니는 돌'이라는 뜻으로 '표석漂石'이라고 부른다. 이런 바위들은 처음에는 모가 나게 부서졌겠지만 둥글게 되어 얼음에 박힌 채 바다에 떠다니다가 해안에 와서 얹힌 것이다.

차갑고 무서운 바다

기지 부근의 바다는

영하와 영상을 오가

기지 앞 마리안 소만의 수온은 여름에는 2.0°C, 겨울에는 -1.9°C 정도다. 한여름에도 바닷물에 손을 담그면 차가운 것은 물론이고, 한겨울에 기온이 -10°C 아래로 떨어지면 물에 손을 담갔다가 꺼내는 순간 동상에 걸릴 수도 있기 때문에 조심해야 한다.

마리안 소만이 60센티미터 두께로 얼었던 1988년 겨울의 수온과 염분은 각각 -1.8°C와 33.50~34.00‰로 큰 변화가 없는 반면, 여름에는 0.1~2.1°C와 27.62~34.04‰로 변화가 컸다. 여름에는 얼음과 눈 녹은 물이 흘러들어와 염분의 농도가 낮아지지만, 겨울에 바다가 얼 때는 순수한 물만 얼고 얼지 않은 바닷물에 소금 성분이 모이기 때문에 염분 농도가 높아진다. 한편 1988년 9월 9~10일 마리안 소만의 얼음을 깨고 채집한 플랑크톤의 양과 종은 시간과 수심에 따라 변화가 컸다. 이처럼 바다가 얼음으로 덮여도 생물의 활동은 계속된다.

기지에서 조석을 측정하기 위해 제1차 월동연구대는 기지 건설 감리단이

얼기 시작한 바다(제19차 월동연구대 조환성)

만든 나무 조석 측정기를 썼던 기억이 있다. 그 측정기는 5센티미터 간격으로 눈금이 표시된 3미터 길이의 나무였는데, 부두 끝에 세워놓고 20~30분 간격으로 조석의 높이를 쌍안경으로 재어서 기록했다고 생각된다. 그러다가 언제인가 그 나무 측정기는 없어졌고 그 후 한국해양연구소 공학부의 연구원이 1991년 1월 물속에 가라앉히는 조석기를 연구동 앞바다에 설치해 9월 초순까지 상당히 오랫동안 측정하였다. 그 후 1995년 월동했던 연구원이 과거의 기록들을 모아 조석표를 만들었는데(그 조석표는 지금도 쓰인다), 그 표에 따르면 기지의 조차가 가장 클 때는 10월 하순으로, 2.3미터 정도가 된다. 실제로 1988년 10월 26일, 물이 아주 많이 빠져 기지 창고 앞에 있는 바위섬까지 걸어간 적이 있었다. 한편 2008/09년 여름에는 국립해양조사원 직원이 기지를 다녀갔는데, 우리 기지에 현대식 조석기가 설치될 날이 멀지 않다고 생각된다.

파도는 무서워

북서풍이나 남동풍이 불면 기지 앞바다가 거칠어지지만, 바다가 좁고 땅으로 둘러싸여 있어서 금방 잦아든다. 맥스웰 만과 마리안 소만의 파도를 살펴보면, 기지 앞은 상당히 조용하지만 맥스웰 만이 바깥으로 통하는 가운데 부분은 파도가 상당히 높다. 반면에 아들레이 섬이 막아주는 칠레 기지 앞에서 파도는 다시 잔잔해진다. 맥스웰 만을 건너 넬슨 섬 동쪽 끝으로 가는 바다는 바람이 없어도 파도는 언제나 높다.

고무보트를 처음 타면 파도가 더욱 무섭게 느껴진다. 실제로 세종기지로 가려고 칠레 기지에서 고무보트를 처음 탄 어느 월동연구대원은 세종기지에 올 때까지 다른 사람의 다리를 꽉 붙들고 있었는가 하면, 파도에 겁을 잔뜩 먹은 어느 기자가 다시는 고무보트를 타지 않겠다고 말하는 것을 들은 적도 있다. 또 몇 년 전 칠레에서 온 한국인 여자는 무서워 고무보트를 타지 않겠다고 하여 칠레 기지의 헬리콥터를 타고 세종기지를 찾아온 일도 있었다.

브랜스필드 해협 방향으로 열린 우루과이 기지 앞바다는 항상 파도가 높기 때문에 그곳에 가려면 우루과이 기지에 기지 앞바다의 상태를 물어보는 것이 좋다. 세종기지에서 쌍안경으로 파도를 관찰하는 것으로는 부족하다. 기지 앞까지 갔다가 파도가 높아 상륙하지 못했다는 말을 들은 적도 있고, 우루과이 기지에서는 1988년 어느 날처럼 바람이 심한 날 제대로 묶어놓지 않은 고무보트가 물결 따라 없어진 일도 있었다.

1990/91년 여름 기지 해안에서 아주 납작하게 찌그러진 드럼통을 발견했

위 • 얼기 시작한 바다 위를 달리는 고무보트(제19차 월동연구대 조환성)

옆 • 초겨울 부두로 가까이 오는 보트(제19차 월동연구대 조환성)

는데, 몇 년 전 우리 기지에서 잃어버린 것으로 보이는 그 드럼통은 파도와 파도에 밀린 자갈에 얻어맞아 종잇장처럼 아주 납작해져 있었다. 사람이 일부러 두드려 찌그러뜨려도 그렇게 납작하게 만들지는 못할 정도여서 파도의 힘을 실감하게 했다. 당시 쓰레기를 치운다고 그 찌그러진 드럼통을 고철로 처리했는데, 박물관용으로 보관하지 못한 것이 후회스럽다.

1995년 5월 26일 방향이 다른 두 파도가 세종곶에서 부딪쳐 만들어진 직각 파도 (한국해양연구원 소재귀)

세종곶 끝에서는 가끔 파도가 직각으로 만나는 경우가 있다. 예컨대, 1995년 3월 27일과 5월 26일의 파도가 그런 파도다. 맥스웰 만 가운데에서 오는 파도와 세종곶의 북쪽 해안에서 반사된 파도가 직각으로 만나서 생긴 파도다.

남극의 바다는 언제나 무섭다. 여름이고 겨울이고 바다에 빠지면 특별한 경우가 아니면 옷이 젖기 시작해 10~20분을 넘기지 못한다. 그런 위험을 잘 알고 있던 칠레 기지의 기지대장(1987~1989년) 후안 바스티아스 실바Juan Bastias Silva 공군 중령은 헬리콥터를 바다 위로 곧장 날아가지 말고 빙원 위로 날아가게 했다. 조종사들이 생존교육을 잘 받았고 방수복과 구명장비를 잘 갖추고 있더라도 바다 위에 떨어지면 살아날 가망이 거의 없기 때문이다. 아무리 방수를 잘 해도 얼음처럼 찬물이 손과 다리로 스며들 것이며, 그렇게 되면 곧 팔다리가 마비되어 움직이지 못하고 체온이 떨어진다. 대신에 크레바스가 아닌 얼음 위에 떨어진다면 단 몇 시간이라도 살아 있을 가능성이 있다.

킹조지 섬에서 지금까지 헬리콥터가 바다에 떨어진 적은 없어서 칠레 기지 대장의 염려가 기우일 수도 있다. 그러나 맥스웰 만에 가끔 들어오는 헬리콥터들이 바다 위를 곧장 날아가는 것을 보면 남극을 모르는 젊은 조종사구나

하는 생각이 든다. 남극에서 일어나는 헬리콥터 사고의 90퍼센트는 엔진 결함 같은 이유보다는 온 천지가 하얗게 보이는 화이트아웃whiteout 때문이라는 것을 생각하면, 바다를 그렇게 무서워하지 않아도 될 것 같지만 조심해서 나쁠 것은 없다.

칠레 해군의 배를 타고

세종기지는 칠레 기지에서 상당히 떨어져 있다. 칠레 기지까지 얼음 위로 걸어 갈 수 있지만 크레바스 때문에 바다 위로 다닌다. 바람이 강하면 고무보트를 운행하지 못하게 하는 일종의 안전수칙이 있다.

1995년 12월 13일 제8차 월동을 끝내고 기지를 떠나는 날 아침, 고무보트를 타고 가기에는 바람이 너무 세었다. 바람이 잦아들기를 기다리는데 칠레 기지에 비행기가 도착할 때까지도 바람은 약해질 기미를 보이지 않았다. 맥스웰 만을 건너지 못하면 예정한 대로 한국에 도착할 수 없기 때문에 점심을 먹고 바람이 약해지기를 초조하게 기다리는데, 칠레 해군 배가 우리 기지 앞으로 들어왔다. 오전에 부탁했던 헬리콥터 대신 칠레 기지에서 하네오케 *Janeoque* 호를 보낸 것이다. 반갑고 고마웠다. 마리안 소만은 그래도 파도가 높지 않아 우리 모두는 그 배를 타고 칠레 기지까지 올 수 있었다.

만약 그 비행기를 타지 못했다면 귀국 일정이 완전히 흐트러졌을 것이다. 실제로 1992년 1월 제4차 월동연구대의 귀국여행이 그렇게 되었다. 1월 8일에 기지를 출발하는 것으로 계획을 세웠는데, 날씨 때문에 비행기가 늦게 들어와, 12일에 떠나게 되면서 일정이 완전히 바뀐 것이다. 예컨대, 일행이 많아 푼타아레나스에서 산티아고로 한꺼번에 올라가지 못하고 순서를 정해서 올라갔다. 산티아고를 구경하지 못한 사람들에게 산티아고를 볼 시간을 주기

1995년 12월 13일 오후 귀국하려고 칠레 기지로 가면서 중국 기지의 채소를 옮겼던 제8차 월동연구대. 멀리 보이는 배가 월동대원들을 칠레 기지 앞 해안까지 실어다 준 칠레 해군의 하네오케 호다.

위함이었다. 또 3박 4일로 예정된 리우데자네이루에 5박 6일 동안 머물게 되었다. 저렴한 비행기 표를 구입한 터라 본부(극지연구소)에서만 바꿀 수 있었기 때문이다.

한편 우리를 태운 하네오케 호가 칠레 기지 앞 해안으로 오자 중국 장성기지의 설상차가 기다리고 있었다(우리가 빌린 조사선으로 그들의 채소를 가져왔기 때문이다). 당시 장성기지 대장이던 베이징대학교의 쉐주홍薛祚纘 교수는 우리에게 기지로 가자고 제안했으나 번거로워 어렵게 거절했다. 그러자 허연 머리카락이 대가의 풍모를 그대로 보여 주는 환갑이 넘은 그는 녹차를 선물로 주며 고마운 마음을 표시했다.

연중 바닷물은

대기와 달라

월동연구대의 해양학자는 바닷물의 온도와 염분을 측정하고 물속에 있는 식물플랑크톤을 채집하기 위해 매일 기지의 부두 앞에서 물을 뜬다. 또는 마리안 소만과 맥스웰 만에 몇 군데를 선정하여 규칙적으로 해수를 채집하고 관찰한다. 수온과 염분과 플랑크톤도 중요하지만 적어도 우리나라에서 바다를 전문으로 연구하는 한국해양연구원에 부설된 극지연구소에서 운영하는 기지에서 바다를 소홀히 할 수 없다는 책임감과 사명감 때문일 것이다.

2006년 1월 1일부터 12월 16일까지 부두 앞의 바닷물을 관찰한 결과를 보면 흥미롭다. 2006년은 연평균기온이 −1.7°C로 그렇게 낮지 않았으나 8월의 월평균기온은 −8.3°C로 상당히 낮았다. 그 결과 8월 21일부터 9월 9일까지 마리안 소만은 결빙되었고, 이후에는 유빙들이 들어차 얼거나 살얼음이 얼었다가 10월 중순이 되어서야 녹았다.

2006년의 수온을 살펴보면 여름인 1월의 월평균수온은 1.9°C로 가장 높았고 1월 24일이 3.3°C로 하루 수온으로는 최고를 기록하였다. 연평균수온은 −0.26°C인데, 5월 하순부터 영하로 떨어지기 시작하여 11월 하순이 되어서야 영상으로 올라왔다. −1.0°C인 6월의 월평균수온은 계속 떨어져 8월과 9월이 −1.8°C로 가장 낮았고, 10월부터 올라가기 시작하여 12월 1일부터 16일까지 평균수온은 0.9°C였다(만약 12월 31일까지 수온을 측정했다면 더 높아졌을 것이다).

1996년부터 부두 앞에서 측정하기 시작한 수온이 상승한다는 분명한 증거는 없지만, 앞서 살펴본 것처럼 기온이 꾸준히 상승한다면 수온도 정도는 작지만 상승한다고 봐야 할 것이다. 그러나 (수온을 측정하는 방법이나 기기가 해마다 바뀌었다는 것을 생각하면) 미세한 변화는 여간 정밀한 기기와 방법이 아니고는 잡아내기 어렵기 때문에 매년 믿을 만한 측정 기구와 통일된 방법으로 측정할 필요가 있다.

작은 차이를 알려면

2006년 연평균염분은 33.56‰였으며, 최고염분은 35.3‰(1월 8일), 최저염분은 30.7‰(3월 27일)였다. 월평균 최고염분은 34.23‰(9월), 월평균 최저염분은 32.3‰(3월)였다. 마리안 소만의 결빙 여부에 따라 염분농도는 큰 차이를 보이는데, 순수한 물만 얼기 때문에 마리안 소만이 결빙되면 얼지 않은 바닷물의 염분농도는 높아진다. 또한 마리안 소만으로 밀려드는 유빙들과 땅에서 마리안 소만으로 흘러드는 눈이 녹은 물도 염분농도에 큰 영향을 미친다. 그런 점에서 한여름에 최고염분이 측정된 것이 뜻밖인데, 이에 대한 연구가 필요하다.

아주 작은 조류藻類의 생물량, 일명 클로로필-a의 평균량은 1리터당 0.80 마이크로그램이었으며(1마이크로그램은 100만 분의 1그램이다), 1리터에 많으면 19.75마이크로그램(1월 7일), 적으면 0.07마이크로그램(7월 22일)이 있었다. 월평균량도 1월에 5.29마이크로그램으로 가장 높았고, 8월에 0.11마이크로그램으로 가장 낮았다. 이는 낮이 길고 기온이 높아 바다가 얼지 않는 여름이 식물의 생장에 좋아 그때 집중해서 발달함을 보여 준다. 이런 발달은 당연히 동물플랑크톤과 그것을 먹고 사는 먹이망에 따른 다른 동물들의 발날과 번식을 촉진시킨다.

물에 떠 있는 고체 부유물질의 양은 2월이 가장 높아 평균 1리터에 11.6밀리그램이었으며 10월이 가장 낮아 6.0밀리그램이었다. 하루로 봐서는 5월 20일에 29.1밀리그램으로 가장 많았는데, 그날은 눈보라가 몰아쳤으며 부두 앞으로 유빙이 몰려왔고 수온이 −1.5°C로 얼기 직전이라 바닷물은 죽처럼 걸쭉했다.

고체 물질의 성분은 바위가 풍화되고 깎인 가루와 작은 조각, 점토광물이 주를 이룰 것이다. 또한 봄부터 얼음과 눈이 녹은 물과 가끔 빗물이 땅에서 흘러들어온다고 생각하면, 봄과 여름에 걸쳐 고체 부유물질의 양이 뚜렷이 많아져야 한다. 그러나 적어도 2006년에는 그런 현상이 특별히 보이지 않았는데, 이는 해류나 조석이나 채수 시간 같은 인자에 따른 결과로 생각된다.

염분과 클로로필-a와 고체 부유물질의 양도 수온과 마찬가지로 검증된 기기로 일관성 있게 측정할 필요가 있다. 그렇지 않고는 이 성분들의 미세한 변화를 찾아내기 어렵다.

한여름 바닷물은

수온과 염분은

여름에 기지 부근 바다의 수온이 높다는 것은 잘 알려진 사실이지만, 며칠 사이에 큰 폭으로 변하기도 한다. 예컨대, 1998년 12월 21일 마리안 소만의 수온은 빙벽 가까운 쪽이 아무래도 낮아서 -0.7°C 정도였고, 만 입구로 가면서 점차 올라가 1.0°C를 넘는 곳도 있었다. 8일 뒤인 12월 29일에는 수온이 상당히 올라가 빙벽 가까운 곳은 1.0~1.5°C이고, 마리안 소만 바깥으로 나오면서 높아져 가운데는 2.0~2.5°C였으며, 위버 반도의 남쪽 끝에서는 3.0°C까지 올라갔다.

염분은 12월 21일 빙벽 가까운 쪽이 낮아 32‰였다. 빙벽을 통해 흘러들어오는 눈 녹은 물 때문에 빙벽 부근의 염분은 아무래도 낮아지며, 바깥으로 나가면서 높아져 33.45‰를 넘었다. 12월 29일에는 빙벽 가까운 쪽의 염분은

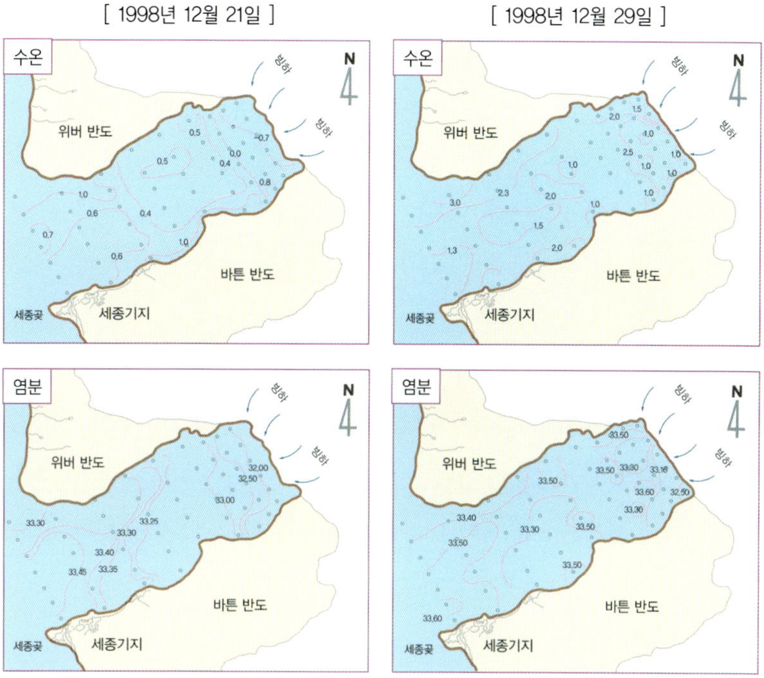

1998년 12월 21일과 29일에 측정한 마리안 소만의 표면 수온과 염분(극지연구소 유규철 외, 2000)

33.10‰로 상당히 높아졌고, 만 입구에서는 33.60‰를 넘었다. 그러나 12월 21일에는 빙벽과 만 입구의 염분 차이가 1.45‰로 아주 큰 반면에 12월 29일에는 그 차이가 0.50‰로 크게 줄어들었다.[15]

이상은 바다 표면에서 측정한 결과이고, 마리안 소만 가운데서 측정한 바로는 1998년 12월 15일 13시부터 16일 16시까지 염분은 바다가 깊어질수록

15. 12월 21일 수온과 염분을 측정할 때에는 대기온도는 1.5~2.7°C였으며, 북서풍 계열의 바람이 평균 초속 6~8미터로 불었다. 조차潮差는 약 1.8미터였으며 간조干潮에서 만조滿潮로 바뀌는 시간이었다. 12월 29일의 조차는 0.9미터 정도이고, 기온은 2.5~4.0°C였으며, 남풍 계통의 바람이 초속 1~4미터로 불어 바닷물은 거의 움직이지 않았다.

층상層狀으로 높아졌고 밀도도 커졌다. 수심이 깊어질수록 수온은 낮아졌으나 상당히 들쭉날쭉했는데, 이는 바람이 불어 표층의 물이 뒤섞이기 때문이라고 생각된다. 물의 광투과도光透過度를 보면 수면에 가까운 표층은 혼탁하고 수심이 깊어질수록 맑아지지만, 바닥 부근에서는 부유물질이 많아져 다시 혼탁해진다. 표층이 혼탁한 것은 떠 있는 부유물질 때문이며 바닥이 혼탁한 것은 빙벽 아래로 깊은 곳에서 유입된 눈 녹은 물에 들어 있는 부유물질 때문이다.

12월 17일 2시부터 7시까지 마리안 소만의 입구 가운데 부분에서 측정한 결과를 보면, 물이 깊어질수록 염분과 밀도가 층상으로 높아진다는 점에서 12월 15일에 측정한 결과와 같다. 수심이 깊어질수록 수온이 낮아지는 현상은 15일의 측정 결과와 같지만 그 값이 대체로 일관되게 측정되어, 바람이 아주 약했음을 알 수 있다. 물의 투과성도 15일 관찰 결과와 같지만 훨씬 단순해졌다.

부유물질은

1989년 1월 27~28일 맥스웰 만의 부유물질을 관찰한 결과, 만 안쪽에서 바깥쪽으로 갈수록 부유물질이 적어졌다. 이는 육지에서 부유물질이 공급된다는 것을 시사한다. 그러나 같은 지점에서는 깊어질수록 부유물질이 줄어들지는 않았는데, 표층을 제외하고는 수심 100~250미터 지점과 400미터보다 깊은 곳이 다른 깊이보다 부유물질이 많았기 때문이다.

1992년 12월 15일 마리안 소만 표면의 부유물질 분포를 보면, 만의 북동쪽이 아주 높아 1리터당 22.0밀리그램을 넘었으며, 북쪽 바다에서 그 양이 많았고 만의 남쪽 바다와 바깥으로 갈수록 줄어들었다. 이는 북동쪽에서 유입된

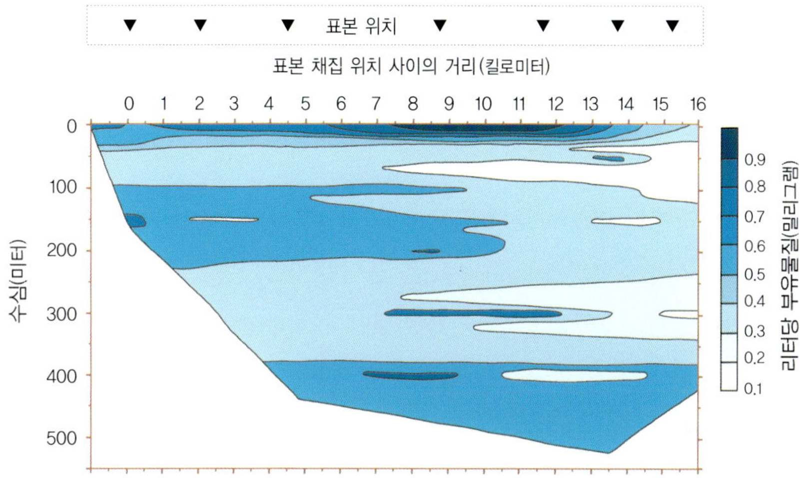

1989년 1월 27~28일에 측정한 맥스웰 만의 부유물질 수직분포(극지연구소 윤호일 외, 1998)

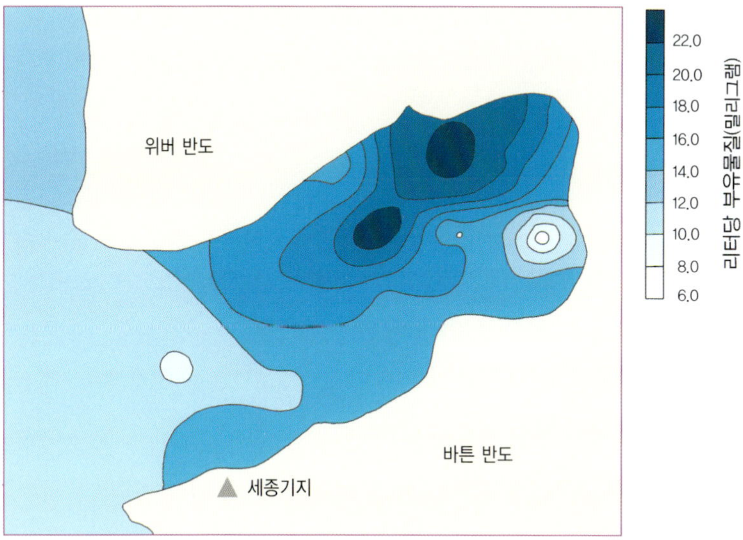

1992년 12월 15일에 측정한 마리안 소만 표면의 부유물질 분포(극지연구소 윤호일 외, 1998)

눈 녹은 물에 섞여 있는 부유물질이 남서쪽으로 흘러나가는 것을 보여 준다.

1998년 조사 때 부유물질의 양은 12월 21에는 빙벽 가까운 곳은 리터당 6.0밀리그램이며 바깥으로 나갈수록 많아져 10.0밀리그램이 넘었다. 반면에 12월 29일에는 리터당 2.5밀리그램이 되지 않았으나, 마찬가지로 바깥으로 나가면서 높아져 만 입구에서는 리터당 4.0밀리그램에 이르렀다. 빙벽을 통해 눈 녹은 물이 마리안 소만 안쪽으로 흘러들어와 빙벽 가까운 곳이 더 탁하다고도 가정할 수 있으나 관찰 결과는 정반대였다. 이런 결과는 눈이 녹아 흘러드는 물은 바다 표면으로 흘러드는 게 아니라, 빙벽의 틈을 따라 상당히 깊은 곳에서 바다로 들어오기 때문으로 생각된다. 또 진흙이 섞인 눈 녹은 물은 무거워 표면의 물과 쉽게 섞이지 않기 때문인 것으로 생각된다.

이런 관찰 결과는 기지 앞의 바다 현상이 바람과 수심, 계절에 따른 눈 녹은 물의 유입, 확산과 혼합, 조석, 파도, 빙벽, 해안과 해저의 지형을 포함한 여러 인자들과 관련이 있음을 보여 준다.

연구원을 도와 채집활동을 하는 잠수부(극지연구소)

기지 부근의 해저는

아주 아름다워

기지 부근의 바다가 얼면서 바닷물의 움직임이 적어져 해저는 그렇지 않아도 겨울 들어 줄어든 햇빛마저 덜 받게 된다. 여름에는 눈이 녹은 민물이나 흙물이 흘러들어오는가 하면, 빙산이 긁고 지나가고 파도에 교란되어 바다는 그렇게 안정된 환경이 아니다. 그래도 기지 부근 조간대와 얕은 해저에는 많은 종류의 해조류가 생장한다.

연구원들이 직접 연구 재료를 채집하는 것이 그리 쉽지 않기 때문에 여름에 잠수부들이 세종기지에 와서 연구원들을 도와준다. 남극이 좋고 기지가 좋아서 기지에서 겨울을 보낸 잠수부도 있다.

잠수부들이 채집한 연구 재료나 촬영한 사진과 영상을 보면 우리가 흔히 볼 수 없는 생물들이 보인다. 예컨대, 분홍색과 갈색 해조류 틈에는 둥글고 큼직한 구멍을 보이는 멍게, 그물에 잡힌 남극대구, 누르스름한 해면류, 연미색의 손바닥 반만 한 말미잘, 바다 밑바닥에 구멍을 만드는 큰띠조개, 자주색 성게, 새빨간 불가사리와 다리가 아주 많은 크고 분홍색이 감도는 하얀 불가사리가 있다. 또 엉금엉금 기어가는 큼직한 등각류와 옅은 회색의 큼직한 해삼이 있고, 남극대구 같은 물고기들도 천천히 헤엄쳐 다닌다. 남극의 해저 풍경은 생각과는 달리 아주 화려해서 저렇게 아름다운가 하고 놀랄 정도다.

남극의 얕은 해저는 온도가 낮고 얼음의 교란이 있으며, 남극 땅에 견주어 온도의 변화가 4˚C(−2˚C~2˚C)밖에 되지 않아도 분포하는 생물의 종과 양이 온대나 열대의 바다에 못지않게 많고 화려하다는 것이 해양생물학자들의 주장이다. 그 주장이 맞아 해조류는 높은 파도가 일면 복잡하게 엉켜서 해안으로 많이 밀려 올라온다. 평소에는 보이지 않던 해조류가 많아서 이렇게 해초의

그물에 잡힌 남극대구(극지연구소)

마리안 소만의 해저 풍경(국제신문 박수현)

해안으로 밀려 올라온 해조류(극지연구소)

종류가 많았던가 하고 깜짝 놀랄 정도다. 두껍게 쌓인 해조류 더미 위를 걸으면 마치 푹신한 양탄자 위를 걷는 기분이 든다. 가끔 그 속에는 극피동물이 섞여 있기도 한다.

해저에서 채집된 생물을 제대로 보존하지 않아 아까운 것을 잃어버린 적도 있었다. 상당히 오래전에 잠수부가 채집했던 새하얀 가시가 돋아 있는 지름 60~70센티미터 정도 되는 처음 보는 극피동물이 있었는데, 가시가 20~30센티미터가 넘을 정도로 길고 날카로워 아무도 손을 대지 않은 채로 두었다가 없어졌다. 그 후 다시는 그런 동물을 본 적이 없어서 아까운 재료를 너무 소홀히 취급했다는 생각이 들기도 한다. 다시 발견된다면 반드시 보존할 필요가 있는 소중하고 희귀한 생물이다.

얕은 곳에는

제1차 월동연구대가 기지를 떠나기 전에 물자를 실은 배가 들어올 때를 대비해 해저 지형이 필요하다고 생각하여 추를 매단 로프로 몇 곳을 측정해 부두 앞 해저 지형을 조사한 적이 있는데, 이 해저 지형도는 제1차 월동연구대 보고서 176페이지에 실려 있다.

그 후 한국해양연구소가 1990년대에 기지 앞 마리안 소만의 해저 지형을 측정한 수심도에 따르면 마리안 소만은 빙벽에 가까이 갈수록 깊어져, 빙벽 바로 앞은 수심이 130미터가 넘는다. 또 바튼 반도의 해안은 위버 반도의 해안보다 경사가 더 급한데, 바튼 반도의 해안 가운데서도 기지 부근 해저의 경사가 덜 급한 반면에 남쪽 절벽 아래는 아주 급하다.

마리안 소만의 입구 양쪽은 사취砂嘴처럼 얕게 물속으로 계속 이어지며 가운데에 꽤 높게 솟은 곳이 있다. 이 얕은 곳은 위험한데, 실제로 1989년 2월 하순 페루의 남극연구선 훔볼트Humboldt 호가 마추픽추 기지 준공식에 참가했던 사람들을 태우고 오다가 그곳에 걸려 좌초된 일이 있었다. 배가 기울자 곧 구조신호를 보냈고 마침 아르헨티나 기지 앞에 있던 영국 쇄빙선 인듀어런스Endurance 호의 해군들이 바람과 파도 속에서 사관과 선원들을 구조해 세종기지에 내려놓았는데(당시 영국 해군의 행동이 아주 용감했다는 말을 훗날 들었다), 구조 기록이 배에 있다는 말을 그 배의 장교에게서 들었다.

마리안 소만에 낀 안개(제19차 월동연구대 조환성)

기지 앞바다 얕은 곳에는 돌덩이와 자갈들이 많지만, 수심이 깊어지면서 모래가 많아지고 곳에 따라서는 진흙, 얼음이 옮긴 바위와 자갈과 모래도 있을 것이다. 그러므로 마리안 소만과 맥스웰 만 깊은 곳에도, 바닷물의 힘만으로는 도저히 옮겨지지 않을, 돌덩이와 자갈과 모래가 적지 않게 발견될 것이라 생각된다. 이는 극지 주변 바다에서 볼 수 있는 흔한 현상이다.

기지 앞에 며칠이고 머물러 있는 빙산들은 바다 밑바닥을 깎는다. 빙산이

지나간 다음에 잠수해 보면 빙산의 흔적과 영향을 알 수 있다. 바닥에 있던 생물들이 뒤집어지고 깨어져 죽어 교란되면, 그런 것들을 먹어치우는 동물들은 잔치를 벌일 것이다. 그러나 시간이 가면서 보통 때와 같은 상태로 되돌아오기 마련이다.

깊은 곳에는

마리안 소만의 연안은 그렇게 깊지는 않지만 기지에 물자를 가져오는 배에게는 깊기 때문에 선장은 얕은 곳을 골라서 정박하며 물자를 내릴 때도 신경을 쓴다. 예를 들면, 2005/06년 기지에 기름을 싣고 왔던 800톤에 길이가 55미터 정도인 루마*Luma* 호의 세사르 라디에Cesar Radie 선장은 세종기지의 부두를 10미터만 연장하면 자신의 배가 직접 접안接岸할 수 있다는 말을 했다. 1991/92년 여름부터 1993/94년 여름까지 바다를 조사하고 우리 기지에 물자를 운반했던 프랑스 쇄빙선 에레부스*Erebus* 호의 알렉스 베제Alex Veyser 선장도 비슷한 말을 했다. 그는 마리안 소만이 아주 깊어, 배를 정박시킬 만한 곳이 위버 반도 쪽으로 두 군데 있다고 말했다. 그래서인지 우리가 10년 넘게 빌려 온 러시아의 내빙선인 유즈모게올로기야*Yuzhmorgeologiya* 호도 부두에서 멀리 떨어진 곳에 정박한다.

1992/93년에 길친 제6차 하계 연구에 이용했던 한국해양연구소 온누리호의 빙해도선사氷海導船士였던 (칠레 해군대령 출신으로 배의 정박에 관심이 있다는) 페데리코 혼Federico Horn 씨는 배를 정박시키기에 마리안 소만보다 북쪽 위버 반도의 앞바다가 더 낫다고 말했다.

피오르의 특징은 U자형의 경사가 급하고 깊은 골짜기라고 할 수 있다. 실제 가장 깊은 곳의 수심이 500미터가 넘는 맥스웰 만에서 웅덩이처럼 깊은 곳은 바닷물이 잘 순환되지 않는 것으로 생각된다. 1989년 1월 맥스웰 만에서 해양 조사를 했을 때 새우젓 냄새가 강하게 풍기는 시커먼 죽 같은 퇴적물이 있었는데, 바닷물이 섞이지 않아 썩은 물질이 희석되지 않았던 것으로 보인다. 시커멓다는 것은 산소가 없다는 뜻이며 새우젓 냄새는 크릴이 썩으면서 나는 냄새일 것이다. 크릴은 아가미가 바깥에서 보이고 물에 떠서 사는데, 새우와는 모양도 다르고 생태도 다른 동물플랑크톤이지만 썩으면 새우 썩는 것과 비슷한 냄새가 난다.

어쩌면 크릴은 앞으로 늘어날 인구를 위한 식량이 될 수 있을지도 모른다. 현재 매년 7,900만 명씩 늘어나는 인구는 서기 2050년에는 적어도 70~80억 명이 되리라는 게 인구 전문가들의 추정이다. 그렇게 되면 지금은 먹지 않는 식품도 먹을 필요가 있는데, 그 가운데 하나가 크릴이다.[16] 크릴은 일본 사람과 러시아 사람이 조금이라도 먹기 때문에 다른 나라 사람들도 먹을 만할 것이다. 남빙양에는 크릴이 워낙 많아서 크릴을 주먹이로 하는 생물들에게 큰 피해를 주지 않고도 인간이 잡을 만하다고 한다.

16. 덧붙이자면, 식량 문제를 해결하기 위한 방법 중 하나가 채식을 하는 것이다. 쇠고기 1톤을 생산하려면 16~21톤의 곡식과 콩, 돼지고기 1톤에는 6~8톤, 닭고기 1톤에는 3톤이 필요하다는 점을 생각하면, 채식이 큰 도움이 되는 것은 틀림없다.

해면이 상승하면

기지를 옮겨야

현재 전 세계의 해면은 매년 2.7밀리미터가 상승하는데, 그중 50퍼센트는 수온 상승에 따른 해수 자체의 팽창이며, 10퍼센트는 얼음의 융해이고, 40퍼센트는 원인이 밝혀지지 않았다.

그린란드를 덮은 얼음이 다 녹는다면 전 세계의 바다가 7.2미터 높아지며 서남극을 덮은 얼음이 다 녹으면 6미터 정도 높아진다. 그렇게 되면 두말할 필요 없이 인류가 지상에 나타난 이래 최대의 재앙이다. 그런 일은 없겠지만, 현재 해면은 실제 높아져 인도양 맬디브Maldives 군도와 태평양 투발루Tuvalu 환초環礁의 원주민들처럼, 고향을 떠나야 하는 기후난민氣候難民이 생기기 직전이다.

현재 기지 부근의 해면 상승에 관한 자료는 없지만 해면이 상승한다고 봐야 한다. 게다가 극지이므로 다른 곳보다 더 빨리 상승할 것이다. 기지에서는 밀물에 파도가 높으면 땅 위에 있는 것들이 자기 위치를 벗어나며 얼음덩어리들이 땅 위로 밀려 올라온다. 곧 1995년 4월 16~18일 얼음조각들과 창고동으로 연결된 전선이 길 위로 밀려 올라온 것이 그런 예다. 얼음덩어리들이 세종곶의 자갈 위로도 밀려 올라오고, 부두에 완충장치로 매단 타이어가 부두 위로 올라오기도 한다.

해면이 60센티미터만 올라오더라도 기지는 어려운 문제에 부딪힐 것이다. 예컨대, 아주 낮은 곳에 있는 해수 인입引入 펌프장과 부두와 창고 두 동, 세종곶에 가까운 헬리포트는 물에 잠기거나 거의 쓰지 못하게 될 것이며, 지진파 관측동도 마찬가지다. 꼭 물에 잠기지 않더라도 밀물에 파도가 높으면 바람에 날리는 바닷물이 들이치기 때문이다. 발전동과 생활동도 물보라를 맞을

1995년 4월 파도에 밀려 올라온 전선을 제자리로 돌려놓는 월동대원들(한국해양연구원 소재귀)

1995년 겨울 해수를 끌어올리는 우물에서 일하는 월동대원들. 이 우물은 기지 부근의 바다가 높아지면 가장 먼저 쓰지 못하게 될 기지의 시설 가운데 하나일 것이다.(한국해양연구원 소재귀)

것이다. 그렇게 되면 발전동을 비롯한 중요한 건물과 시설을 옮겨야 한다. 또 부두 양쪽의 해안은 아주 많이 깎여 나가 무너질 것이다. 설혹 강철 시트로 보강해도 높아지는 수면을 막기는 어려울 것으로 보인다.

1987/88년 기지를 지을 때 높은 곳에 짓는다고 지금의 터를 잡았다지만 "좀 더 높은 곳에 지었더라면…" 하는 안타까움을 금할 수 없다. 그때야 지구가 더워지고 해면이 상승하는 것은 아주 먼 미래의 이야기라고 생각했겠지만, 20년이 좀 지난 지금 그 일이 눈앞에 다가왔다.

제 3 장

세종기지 부근의 생물

남극으로는 대단히 북쪽에 있는 사우스셰틀랜드 군도는 기온이 높고 강수량도 많으며, 주변 바다에는 영양염류가 많아 해조류가 잘 자라고 크릴이 많아 동물들이 살기에 좋은 환경이다. 그중에서도 세종기지가 있는 킹조지 섬의 북쪽 해안은 암초가 많고 빙벽과 암벽으로 되어 있지만 남쪽 해안을 따라서 바위와 땅이 드러나 있어서 생물들이 살기에 좋다.

식물

꽃 피는 식물

세종기지 부근에서는 남극에서 꽃 피는 식물로 오래전부터 알려진 남극좀새풀과 남극개미자리가 생장한다. 2월 중순경 누르스름한 꽃이 피는 남극좀새풀은 기지 가까운 곳에도 있지만 바튼 반도의 남쪽 해안에 유난히 많고 이끼 속에서 이끼와 얽힌 채 자란다. 이끼가 있으니 흙과 수분도 있고 바람도 막아주어 생장하기에 좋을 것이다. 펭귄 군서지에도 이끼가 많지만 남극좀새풀이 자라지 않는 반면, 바튼 반도 남쪽 해안에 남극좀새풀이 많다는 것은 펭귄 배설물에는 없는 어떤 성분이 갈매기의 배설물에는 많기 때문인 것으로 보인다.

남극개미자리의 생장 지역은 남극좀새풀에 비해 뚜렷하게 작다. 게다가 남극개미자리는 식물체 자체가 아주 작아서 찾기도 어려운데, 2월 중순경에 피는 남극개미자리의 꽃은 확대경이 없이는 알아보기도 힘들다. 그래도 연두색 잎 사이에서 피어난 하얀 작은 꽃들을 보면 그렇게 대견할 수 없다. 잘 익은 씨는 진한 갈색이나 흑색으로 깨알보다 훨씬 작다.

마젤란 해협 남쪽의 티에라델푸에고Tierra del Fuego 섬에는 남극좀새풀과 남극개미자리를 포함하여 386종의 꽃 피는 식물이 있는데, 남극좀새풀과 남

꽃이 핀
남극개미자리
(극지연구소 김지희)

극개미자리 단 2종만이 드레이크 해협을 건너 남극반도에 가까운 섬에서 생장한다.[1] 남극좀새풀은 도둑갈매기나 도미니카갈매기의 몸에 묻어서 전파될 수도 있다. 이런 새들이 둥지를 지으면서 남극좀새풀을 뒤집어엎어 깃털 사이에 남극좀새풀의 씨가 끼어서 운반될 수 있기 때문이다. 바튼 반도의 남쪽 해안과 포터 반도의 북쪽 해안은 2킬로미터 정도 떨어져 있기 때문에 바람으로도 씨가 전파될 수 있다.

남극좀새풀을 신기하게 생각했던 월동연구대원들이 호기심에서 기지 근처의 자갈과 흙이 적당히 섞인 자리에 몇 포기를 옮겨 심었지만 한 번도 성공하지 못했다. 반면에 세종봉 아래의 자갈 속에는 한 포기 한 포기 따로 살면서도 상당히 빨리 번식하였다. 그런 것을 보면 그곳에는 아무것도 없는 것처럼 보이고 갈매기가 살지 않아도 남극좀새풀이 살아갈 만한 영양분이 있다는 뜻이다. 돌에서 녹아나온 광물질이 남극좀새풀의 영양분이 될 수도 있다.

1. 이 식물들은 포클랜드 군도에도 흔하며, 남극좀새풀은 중부 칠레와 중부 아르헨티나에도 있다고 한다.

하얀 꽃이 핀 다음
씨가 영글어 가는
남극개미자리
(극지연구소 김동엽)

남극에 있는 꽃 피는 식물 가운데 하나인 남극좀새풀

식물을 연구하고 있는 식물학자(극지연구소)

식물학자들의 연구를 보면, 바닷가에서 생장하는 남극좀새풀에는 질소와 인이 많은 반면, 건조한 자갈밭에서 생장하는 남극좀새풀에는 그런 성분이 거의 없다고 한다. 또 바닷가에서 생장하는 남극좀새풀은 잎이 길고 헝클어진 반면, 건조한 곳에서 생장한 잎은 짧고 곧다. 뿌리의 단면도 달라서 바닷가에서 자라는 남극좀새풀은 자갈밭에서 자라는 것보다 뿌리 단면이 복잡한데, 이는 바닷가에서 있을 수 있는 스트레스에 대한 반응이라고 알려져 있다.

기지에서 떨어져 있는 곳에는 꽃 피는 식물이 2종 더 있다. 그중 하나가 (최근 폴란드 기지에서 발견된) 남극좀새풀과 같은 벼과 식물인 포아풀이고, 다른 하나는 (중국 기지 부근에서 발견된) 남극개미자리와 같은 과인 석죽과石竹科 식물이다. 식물학자들은 포아풀과 이 식물을 사람이 전파한 것으로 판단한다. 또 이 식물들은 유전자의 양이 지극히 적어, 차가운 기후에서도 생존할 수 있도록 적응되었다고 설명한다. 남극에서 꽃 피는 식물은 이 2종을 포함하면 총 4종이다.

이끼와 지의류

남극에는 약 800종의 식물이 있는 것으로 알려졌으며, 대부분은 이끼와 지의류와 단세포식물인 조류藻類다. 남극에서는 땅에서 사는 조류가 300종 넘게 알려져 있으며 이들은 온도가 낮아도 생장할 수 있다고 한다. 예컨대, 흔히 이끼식물이라고 불리는 선태식물蘚苔植物은 −2.5°C에서도 광합성을 하여 대부분 초록색을 띠고, 뿌리와 줄기와 잎이 있으며, 흙이나 부드러운 곳에서 생장하여 지의류와 구별된다. 선태식물은 크게 이끼류와 우산이끼류와 뿔이끼류로 나뉜다. 남극에는 100종이 넘는 이끼가 있고, 기지 부근에는 30종이 분포하는 것으로 보고되었다.

이끼는 잎이 뚜렷하고 우산이끼류는 잎이 옆으로 벌어지고 포자를 흩어놓는 조직이 있으나, 기지 부근에서 이끼와 우산이끼류를 구별하기는 쉽지 않다. 기지 남쪽의 펭귄 군서지에는 펭귄의 배설물에 들어 있는 질소 성분 때문에 이끼의 생장이 왕성한데, 이끼가 죽어서 두껍게 쌓이면 마치 양탄자를 밟는 기분이 들 정도다.

−17°C에서도 광합성을 하는 지의류는 곰팡이로 대표되는 균류菌類와 조류, 실처럼 생긴 녹조류나 남조류와 공생을 한다. 광합성을 하지 못하는 균류는 균사가 흡수한 물과 양분을 뿌리가 없는 조류에게 주는 대신, 조류가 합성한 광합성 산물을 얻고 조류를 보호하는 것이다. 곧 균류는 치밀하고 단단한 껍데기를 만들어 수분이 손실되는 것을 막거나 조류가 외부의 공격을 받아 상하는 것을 막는다. 지의류가 이렇게 공생하는 생물체이기 때문에 식물학자들은 지의류를 식물계통을 따르는 종으로 분류하기보다는 영양집단으로 본다. 지의류는 두 생물이 공생하는 모양에 따라 나뭇가지처럼 갈라지는 모양과 나뭇잎처럼 납작한 모양, 비늘모양과 딱지 같은 모양으로 나뉜다. 지의류는 바위

이끼(극지연구소)

나 돌멩이 또는 오래된 동물의 뼈 표면에서 자주 볼 수 있다.

기지 부근에서는 화려한 주황색이나 노란색으로 바위 표면을 덮거나 이끼 위에 눈이 쌓인 것처럼 보이는 지의류를 많이 볼 수 있다. 지의류의 색깔이 이렇게 화려한 이유는 강한 태양빛이나 자외선에 대항해 광합성을 하는 기관을 보호하는 색소가 일종의 보호막이자 차광遮光 장치 구실을 하기 때문이다. 또 까만 작은 접시가 있는 가늘고 노란 나뭇가지처럼 보이는 지의류도 많이 눈에 띈다. 까만 접시는 포자반으로 포자가 그 안에 들어 있다. 포자반의 색깔이 검은 것은 태양열을 흡수하고 자외선으로부터 포자를 보호하기 위함이다. 남극에는 380종이 넘는 지의류가 생장하는 것으로 알려져 있으며, 사우스셰틀랜드 군도에는 200여 종, 세종기지 부근에서는 62종이 보고되었다.

드문 일이지만 1989/90년 여름 기지 부근에서 버섯이 발견되었는데, 지질학자가 발견한 회색 버섯은 8~9센티미터로 가늘고 길어 약하게 보였다. 그

지의류

1988년 겨울 얼어붙은 마리안 소만 해빙에서 생장하는 얼음조류 (극지연구소 김동엽)

기지 부근 조간대에서 생장하는 해조류

1998년 여름 기지 부근에 발달한 눈조류

후 기지에서 버섯에 관한 이야기를 듣지는 못했지만 버섯은 지금도 바튼 반도에서 생장한다고 봐야 할 것이다. 한편 여름에는 붉은 색깔의 눈雪조류도 눈에서 생장하며 얼어붙은 바다의 얼음 아래에는 옅은 갈색의 얼음조류가 생장한다. 또 바닷가 물 밑에서는 해조류가 생장한다.

남극에 있는 생물들은 생장이 아주 느리다. 예컨대, 종에 따라서는 100년에 1센티미터도 자라지 않는 경우도 있다. 그러므로 그린피스의 주장이 없더라도 될 수 있으면 식물들을 밟지 않도록 주의해야 하며, 어느 곳에 갈 때는 길을 잘 선택할 필요가 있다.

1990년대에는 기지 주변의 식생을 간단히 기록했지만, 2000년대 들어서는 식물학자들이 남극좀새풀과 이끼를 체계 있게 연구하기 시작했다. 또 기지 일대가 더워지므로 없던 종이 새로 나타나고, 분포 지역이 넓어지거나 좁아지는 종들도 생기는 것처럼 식물의 식생도 바뀔 것인데, 식물 연구가 진행되면서 흥미로운 결과가 알려질 것이라는 기대가 크다.

동물

새

기지 주변의 펭귄

서식하는 종은 • 세종기지 남쪽에 있는 바튼 반도 펭귄 군서지에는 젠투펭귄과 턱끈펭귄이 서식하고, 아델리펭귄은 아르헨티나 주바니 기지 남쪽 보호구역과 아델리 섬에서 서식한다(아델리 섬에는 젠투펭귄과 턱끈펭귄도 서식한다).[2] "깃이 같은 새끼리 어울린다"는 속담이 있듯이, 종이 다른 펭귄끼리는 서로 잘 섞이지 않는다.

기지 남쪽 해안의 해발 45~50미터 정도 되는 바위와 언덕은 젠투펭귄과 턱끈펭귄이 생활하기에 적합한 환경이다. 펭귄들은 주로 이끼가 두껍게 쌓이거나 돌조각으로 되어 있는 평평한 곳에 둥지를 틀지만, 젠투펭귄은 군데군데

2. 아델리펭귄은 눈 둘레가 흰색으로 되어 있는 것이 특징인데, 남극에 온 프랑스의 탐험가 뒤몽 뒤르빌Dumont d'Urville이 부인 이름인 '아델Adèle'을 따서 '아델리Adelie'라는 이름을 붙였다. 턱끈펭귄은 턱에 있는 까만 줄이 꼭 턱끈이 달린 모자를 쓰고 있는 것처럼 보여서, 그리고 젠투펭귄은 눈 위쪽의 흰색 무늬가 인도 시크교도가 쓰는 터번turban과 닮았다고 하여 이 교도를 뜻하는 포르투갈 어인 '젠투Gentoo'란 이름이 붙었다고 한다.

펭귄 새끼들이 자라고 있는 기지 남쪽 펭귄 군서지

꽤 높은 곳에 둥지를 틀기도 하며 턱끈펭귄은 주로 낮은 절벽과 바위틈에 둥지를 튼다.

세종기지 부근의 펭귄 군서지는 애드미럴티 만 입구 서쪽 해안과 포터 반도의 남쪽 해안과 더불어 킹조지 섬에 있는 큰 펭귄 군서지 가운데 하나다. 군서지 앞쪽 바다에는 펭귄의 먹이가 되는 크릴이 많다. 분홍색이나 붉은색을 띠는 배설물은 펭귄의 먹이가 대부분 크릴이라는 것을 보여 준다. 펭귄은 둥지에서 방사상으로 배설하고 둥지는 아주 깨끗하게 유지하여 위생관념이 있다는 것을 알 수 있다.

젠투펭귄은 9월 중순에서 10월 초순에 군서지로 돌아오며, 턱끈펭귄은 10월 중순에서 하순에 돌아온다. 펭귄들은 군서지에서 짝짓기를 하고 둥지를 만들어 알을 낳을 준비를 한다. 펭귄은 대부분 알을 2개 낳지만, 가끔 3개나 하나만 낳는 경우도 있다. 어미가 한 달 넘게 알을 품으면 알껍데기가 깨어지면서 주먹보다 작은 새끼들이 태어난다. 그러나 품는 알이 모두 부화하는 것은 아니다. 군서지에는 호시탐탐 펭귄의 알과 새끼를 노리는 도둑갈매기가 있고, 어미의 잘못으로 알이 둥지 바깥으로 굴러나갈 수도 있기 때문이다.

눈이 많이 쌓이면 펭귄이 둥지를 만들고 알을 낳아 부화하기가 쉽지 않다. 작은 자갈을 물어다 만든 둥지는 물이 잘 빠지지만, 눈이 많이 오면 눈이 쌓여 둥지 바닥에 물이 고이게 마련이다. 예컨대, 2007/08년에는 펭귄이 알을 낳은 다음 눈이 아주 많이 와서 둥지에 눈이 녹은 물이 들어차 알이 젖어서 제대로 부화하지 못했다고 한다. 펭귄 군서지는 높이 40~60미터의 꽤 평평한 지역으로 바람이 아주 거세기 때문에 눈이 잘 쌓이지 않아서 펭귄들이 둥지를 만들기에 좋다.

적외선 사진기로 펭귄의 체온을 조사한 사진을 보면 펭귄의 몸에서 온도가 가장 높은 곳은 발이다. 그래서 둥지를 만들지 않는 황제펭귄은 알 하나를 발등에 올려놓고 포란반包卵盤으로 감싼다. 맨살로 된 포란반은 펭귄의 아랫배에 털이 양쪽으로 갈라지는 곳에 있다. 젠투펭귄과 턱끈펭귄도 알 2개를 발등에 올려놓고 포란반으로 품는다.

아델리펭귄은 암컷이 알을 낳은 뒤 먹이를 찾아 떠나는데, 남쪽에서는 수컷이 알을 최대 5주 정도 품고, 북쪽에서는 2~3일이나 5~10일 주기로 암수가 교대한다. 한편 새끼는 최대 나흘 동안 살 수 있는 영양분을 몸속에 지닌 채 태어나는데, 산란한 뒤 먹이를 찾아 바다로 나갔던 펭귄 암컷은 둥지로 돌아와 실룩거려 먹이를 토해서 새끼에게 먹인다.

펭귄 가운데 황제펭귄과 아델리펭귄은 가장 남쪽에서 서식한다. 이 펭귄들이 사는 곳의 바다는 연중 상당 기간 얼어 있기 때문에 수컷만 포란하고, 바다가 오랜 기간 얼지 않는 북쪽에서 서식하는 젠투펭귄과 턱끈펭귄은 암수가 교대로 포란하는 생리에 적응한 것으로 보인다.

멀리 가기도 해 • 새끼 펭귄들은 하루가 다르게 자라기 때문에 한 달 정도 지나면 몸집이 커져서 부모가 번갈아 먹이를 가지고 와서는 새끼의 식욕을 채울 수 없다. 그 무렵 펭귄 부부가 먹이를 구하러 함께 떠나면, 새끼들은 유치원을 만들어 친구들과 놀면서 추우면 서로 웅크려 체온을 조절하며, 도둑갈매기를 경계하는 방법을 배운다. 빠르면 1월 중순부터 털갈이를 시작하여 유치원에 들어온 뒤 5주 정도가 지나면 털갈이를 끝내고 바닷가로 내려온다. 그러나 바로 물속에 들어가지는 못하고, (어미의 가르침 없이) 얕은 곳에서 파도를 맞다가 물속에 들어가기 시작하면서 물속 생활에 적응해 나간다.

턱끈펭귄은 늦어도 4월 중순에서 하순경에 군서지를 완전히 떠난다. 반면에 젠투펭귄은 이보다 늦은 5~6월경 군서지를 떠나지만 한겨울에도 기지 부근에서 젠투펭귄을 볼 수 있어 멀리 가지 않는다는 것을 알 수 있다. 실제로 독일 학자가 1990년대 말에 맥스웰 만에 있는 아들레이 섬의 펭귄들에게 인공위성 추적기를 달아서 연구한 결과를 보면, 턱끈펭귄은 사우스셰틀랜드 군도에서 북동쪽으로 1,600킬로미터 정도 떨어진 사우스샌드위치 군도의 서쪽 바다로 간다. 반면에 젠투펭귄은 200킬로미터 정도 떨어진 남극반도의 끝으로 가며 사우스셰틀랜드 군도 일대에도 많이 있다. 그래서인지 젠투펭귄은 한겨울에도 기지 부근에서 적지 않게 발견되는 반면, 턱끈펭귄은 특별한 경우를 빼고는 볼 수 없다.

1988년 7월 4일 아들레이 섬에 있는 1,000마리가 넘는 펭귄이 얼어붙은 맥스웰 만 위를 마치 군인들이 행진하듯이 질서 있게 걸어 남동쪽인 브랜스필드 해협 쪽으로 나가는 장관을 연출했다. 그렇게 많은 펭귄들이 떠나는 장면은 그 후에는 보거나 들은 적이 없다는 점에서 제1차 월동연구대원들은 남극의 신비를 목격했다고 할 수 있다.

기지 부근으로는 몇 종류의 다른 펭귄들도 온다. 예컨대, 남극반도에서는

위 왼쪽 • 기지 남쪽에서 부화하여 2006년 1월 유치원을 만들기 시작한 젠투펭귄 새끼들
위 오른쪽 • 기지 남쪽 군서지의 턱끈펭귄
위 • 아델리 펭귄(제4차 월동연구대 백영식)
아래 왼쪽 • 젠투펭귄(극지연구소)
아래 오른쪽 • 1991년 겨울 맥스웰 만을 찾아온 황제펭귄(1991년 체코 기지에서 월동한 체코 인 M. 미키스카)

유일하게 사우스셰틀랜드 군도에서 남서쪽으로 800킬로미터 정도 떨어진 디옹Dion 군도에서 번식하는 황제펭귄 한 마리가 바다가 얼었던 1991년과 1995년 겨울에 맥스웰 만으로 온 적이 있었다(다른 해에 황제펭귄이 왔다는 말을 들은 적이 없다). 또 마카로니펭귄 한 마리가 1988년 여름과 그 후 몇 차례 군서지에 온

1988년 여름 기지를 찾아온 마카로니펭귄
(제1차 월동연구대 이동화)

적이 있다. 눈 위에 황금빛 깃털이 있는 특이한 모습을 한 마카로니펭귄은 남극반도 끝에 있는 섬들과 포클랜드 군도, 아남극의 섬에서 번식한다. 또 임금펭귄 한 마리가 2006년 2월 중순 기지에 나타난 적도 있다.[3]

1948년 개썰매로 탐험하던 영국남극연구소의 버나드 스톤하우스Bernard Stonehouse는 디옹 군도에서 황제펭귄 군서지를 발견했다. 당시 500마리 정도의 황제펭귄이 있었으나 2000년 겨울에는 9쌍만이 있었다고 한다. 그런 것을 생각하면 지금쯤은 거의 다 없어졌을 것인데, 최근 남극반도 일대가 더워지면서 사라지는 것으로 보인다. 그러므로 1991년과 1995년 겨울에 기지 부근을 찾아왔던 황제펭귄은 귀한 손님이었다.

펭귄이 남극의 생태계와 환경 연구에서 중요하다는 것은 누구나 아는 사실이다. 우리나라의 경우 칠레와 공동으로 펭귄을 연구하던 사람이 연구소를 떠난 지 몇 년이 되었는데, 그 후 펭귄 연구가 중단된 실정이다. 여러 어려움이 있겠지만, 우리나라도 다른 새들과 더불어 펭귄 연구를 계속해야 한다.

3. 포클랜드 군도와 남극의 북쪽인 아남극의 섬에서 번식하는 임금펭귄은 황제펭귄과 같은 속屬인데, 황제펭귄보다 크기가 약간 작고 몸이 홀쭉하며 얼굴의 무늬와 색깔이 다르다.

펭귄 관찰과 알 측정

1991년의 펭귄 관찰

기상 • 1991년은 연평균기온이 −3.0°C로 기지가 건설된 이래 가장 추웠던 해로, 가장 높은 기온은 8.9°C(1월 12일)이고, 가장 낮은 기온은 당시까지 기지가 건설된 이래 가장 낮은 −24.4°C(8월 5일)였다.[4] 기온도 낮았지만 2월 들어 시작된 눈보라가 10월에야 끝나, 모두 29회에 걸쳐 폭풍설이 분 시간은 424시간 50분이나 되었다.

마리안 소만은 말할 것도 없고 맥스웰 만도 6월 하순부터 9월 하순까지 하얗게 얼었다. 그러다가 9월 26일 아침부터 최대풍속이 초속 38.6미터에 달하는 눈보라에 맥스웰 만의 얼음이 깨어져 나가기 시작했는데, 다음날 동남동풍은 초속 21.0미터로 약해졌으나 마리안 소만의 얼음까지 다 깨어졌다. 연평균풍속은 초속 8.0미터, 최대풍속은 초속 46.6미터(9월 1일)인데, 이 해의 최대풍속은 1990년 6월 16일과 같은 수치로, 당시로는 세종기지가 건설된 이래 가장 강한 바람이었다. 강수량은 537.1밀리미터로 21년 평균보다 많았다.

펭귄은 • 기지에서 1991년 겨울을 보내면서 생물을 조사한 연구원의 관찰에 따르면 6월 11일 160마리의 젠투펭귄이 마리안 소만을 떠나 바다가 얼어 있는 동안 전혀 관칠되지 않았다. 7월 중순 상풍에 맥스웰 만의 해빙이 깨어지면서 7월 31일 부두 근처에서 젠투펭귄 40마리가 관찰되었다. 그러나 9월 14일에 기지 서쪽 해안에서 200마리가 보였으며 9월 16일에는 1,123마리가 관찰되

4. 1991년 5월부터 8월까지 월평균기온은 각각 −7.2°C, −8.8°C, −6.5°C, −6.6°C였으나 9월 들어서 −2.9°C로 갑자기 높아졌다가 10월에 −3.5°C로 다시 낮아졌다.

1991년 기지 부근의 젠투펭귄(국립해양조사원 심문보)

었다. 그 일주일 전부터 군서지 앞바다가 깨어져 젠투펭귄이 돌아오기 시작한 것으로 보인다. 반면에 대부분의 턱끈펭귄은 일찍 떠났고 1991년 4월 22일 24마리가 마지막으로 관측되었다. 턱끈펭귄은 1991년 봄이 되어 돌아오기 시작하는데 10월 24일 40마리가 처음으로 관찰되었고, 11월 5일에는 2,074마리가 관찰되었으며, 12월 22일에는 3,941마리가 관찰되어 실제 다 돌아온 것으로 보였다.

생물연구원이 1991년 4월 8일에 강철 밴드를 지느러미에 묶어 표시한 젠투펭귄 10마리 가운데 1991년 11월 25일과 28일에 각각 1마리씩 둥지로 돌아왔다. 비록 표시한 숫자가 적기는 해도 20퍼센트가 돌아왔다고 할 수 있다. 표시를 한 펭귄은 둥지에 알을 품고 있을 때만 관찰되기 때문에, 먹이를 구하러 바다로 나가 있거나 턱끈펭귄의 둥지는 사람이 가까이 가기 어려운 곳에 있어서 (확률은 크지 않지만) 놓칠 가능성이 있어서 실제로 돌아온 펭귄이 더 있을 수도 있다.

1991년 9월 중순 기지 부근 해안에 나타난 젠투펭귄 무리

외국의 연구를 보면 펭귄은 훨씬 많이 돌아왔다. 예컨대, 오스트레일리아 케이시Casey 기지 부근에서 1959년 2월에 표시한 어미 펭귄 59마리 가운데 다음해에 52마리가 돌아왔다(돌아오지 않은 펭귄은 천적에게 죽었을 가능성이 있다). 그중 35마리는 자기의 둥지로 돌아왔으며 6마리는 아주 가까운 곳으로 돌아왔다. 펭귄이 원래의 둥지로 돌아오는 확률은 나이를 먹으면서 커지고 암컷이 수컷보다 더 크다. 여섯 살이 지나면 원래 둥지에서 원래의 짝을 만나 알을 낳고 새끼를 키운다. 하나 이상의 알을 낳는 펭귄은 3년생이 3퍼센트, 4년생이 20퍼센트, 5년생이 40퍼센트, 6년생부터는 60퍼센트가 넘는다.

펭귄을 연구하려면 먼저 펭귄을 붙잡아야 하는데, 야생으로 힘이 아주 강해서 혼자서 펭귄을 잡기란 쉽지 않기 때문에 여러 사람이 협조해야 한다. 실제로 아르헨티나 기지에서는 서너 명이 1991년 봄, 먹이를 잡으러 바다로 가는 아델리펭귄과 먹이를 먹고 돌아오는 아델리펭귄을 그물로 잡아 무게를 측정했다. 이러한 방법을 통해 펭귄 무리의 나이와 구성을 알 수 있었다.

1992년의 펭귄 관찰

기상 • 1992년의 연평균기온은 −2.3°C로 아주 낮았으며 7월 13일에는 그때까지 기지 건설 이래 두 번째로 낮은 −23.6°C를 기록하였다. 4월의 월평균기온이 −0.7°C로 높았다가 5월 들어서 갑자기 낮아져 월평균기온이 −8.0°C였으며, 6월부터 8월까지 각각 −7.7°C, −7.2°C, −4.1°C였다.

연평균풍속은 초속 7.7미터였으며, 최대풍속은 12월 2일 북풍이 불었을 때의 초속 37.9미터였다. 눈보라는 13회에 걸쳐 130시간 6분 동안 계속되어 기지가 준공된 이후 21년 평균의 반을 겨우 넘겼으며, 강수량은 227.4밀리미터로 21년 평균의 절반에도 못 미쳤다. 5월 하순부터 마리안 소만이 얼기 시작해 6월 하순에는 마리안 소만과 맥스웰 만이 완전히 얼었고, 9월 들어 얼음이 깨어졌다.

제대로 관찰해 • 그간 세종기지 남쪽에 있는 젠투펭귄과 턱끈펭귄의 군서지를 월동연구원이 관찰하고 조사해 왔지만 아마추어 수준을 넘지 못했다. 제5차 월동연구대 생물연구원은 1992년 초에 킹조지 섬에서 북동쪽으로 200킬로미터 정도 떨어진 엘리펀트 섬 북쪽의 작은 실Seal 섬에 있는 미국 조류 관측은신처에서 체계가 선 펭귄 관측 방법을 배워 처음으로 적용하였다. 이후 펭귄의 잠수 시간과 깊이 같은 수중 습성도 연구하였다.

관찰한 결과를 보면, 1992년 1월 3일에 0.56킬로그램이던 젠투펭귄 새끼는 2월 1일에는 4.6킬로그램으로 커서 매일 134그램 이상 자란 셈이며, 날개 길이는 37.6밀리미터에서 127.8밀리미터가 되었다. 턱끈펭귄은 1992년 1월 3일에 0.61킬로그램이었는데, 2월 6일에는 3.7킬로그램이 되어 하루에 80그

유치원을 만든 젠투펭귄의 새끼들

램 자란 셈이며, 날개 길이는 40.6밀리미터에서 115.6밀리미터가 되었다.

같은 기간 동안 젠투펭귄이 턱끈펭귄보다 성장 속도가 빠른 것은 젠투펭귄이 턱끈펭귄보다 몸집이 약간 크기 때문일 것이다. 그래도 어미의 무게가 턱끈펭귄은 보통 4.5킬로그램이며 젠투펭귄은 5킬로그램 정도라는 것을 생각하면, 턱끈펭귄의 성장 속도가 더 느리다고 볼 수 있다.

1992년의 경우 처음부터 관찰한 젠투펭귄은 둥지당 1.32마리, 턱끈펭귄은 둥지당 1.45마리가 유치원을 만들 때까지 컸다. 새끼를 돌보는 이른바 유효한 둥지만 계산하면, 젠투펭귄은 둥지당 1.54마리를 키웠고 턱끈펭귄은 둥지당 1.67마리를 키웠다. 턱끈펭귄은 젠투펭귄보다 둥지당 새끼 수도 많을 뿐 아니라 유실된 둥지도 적었다.

1994/95년의 펭귄 관찰

기상 • 기지의 1995년 연평균기온은 −2.7°C이며 최저기온은 −25.1°C(7월 22일)였다. 1995년은 아주 추웠던 해로 7월과 8월의 월평균기온이 각각 −12.0°C와 −10.3°C로 기지가 건설된 이래 최저기온을 기록했다. 9월의 월평균기온은 −5.6°C로 상당히 높았는데, 이는 초순과 중순의 평균기온은 각각 −9.4°C와 −6.9°C로 낮았으나 하순에 갑자기 기온이 올라갔기 때문이다. 연평균풍속은 초속 7.8미터에, 최대풍속은 8월 1일 초속 44.5미터(동풍)가 측정되었다. 폭풍설은 24회에 걸쳐 257.3시간 동안 불어서 21년 평균보다 약간 많았고, 강수량은 779.8밀리미터로 21년간 최고를 기록하였다.

군서지 앞바다인 맥스웰 만은 7월 초순부터 얼어붙어 10월 중순 깨어져 나갔으며, 마리안 소만의 얼음은 11월 초순이 되어서야 안쪽까지 완전히 깨어져 나갔다. 1995년 2월부터 5월까지 군서지 앞바다의 표층 수온은 1.6°C에서 −0.8°C로 낮아졌으며, 바다가 얼어 표층 염분은 33.6‰에서 34.2‰로 높아졌다. 8~9월의 표층 수온은 −1.9°C였는데 11월에는 −0.4°C로 높아졌다. 염분은 8월에는 34.7‰, 9월에는 34.5‰였으나 얼음이 녹고 비가 오고 눈이 녹은 물이 흘러들어와 11월에는 33.7‰로 낮아졌다.

펭귄 군서지와 둥지 수 • 1994년 12월 20일 젠투펭귄의 둥지 수는 1,001개였으며, 12월 21일 턱끈펭귄의 둥지 수는 2,924개였다. 턱끈펭귄의 둥지는 해안 절벽처럼 가까이 가기 어려운 곳이 있기 때문에 셀 때 오차가 생기게 되는데, 이러한 오차를 고려하면 실제 턱끈펭귄의 둥지 수는 3,000개가 넘을 것이다.

기지 부근에 있는 젠투펭귄과 턱끈펭귄의 둥지 수는 해마다 차이가 있다. 젠투펭귄의 경우 많으면 500개(1992/93년)에서 1,150개(1988/89년)에 이르고, 턱

1994년 여름 기지 부근의 턱끈펭귄(제8차 월동연구대 이정수)

끈펭귄의 경우 1,000개(1988/89년)에서 3,000개(1994/95년과 2000/01년)에 이른다. 외국인들의 기록에 따르면 1980/81년에는 턱끈펭귄의 둥지가 7,300개가 넘었고, 젠투펭귄의 둥지는 600개가 되지 않았다.

펭귄의 둥지 수는 해마다 상당히 달라지는데, 개체수가 계속 늘어나는 것도 문제겠지만 줄어드는 것은 더 큰 문제다. 젠투펭귄을 포함하여 기지 부근의 생물들이 적어지는 원인으로는 환경 변화에 따라 먹이와 살 장소가 줄어드는 것과 소음이나 연기, 하수와 같이 인간이 미치는 영향을 생각할 수 있다.

산란과 부화와 성장 • 1994/95년에 관찰한 젠투펭귄 둥지 가운데 알이 2개 이상인 둥지는 95퍼센트였으며, 알이 하나인 둥지는 5퍼센트였다. 1994년 12월 초순부터 부화하기 시작해, 마지막으로 관찰한 1994년 12월 29일까지 2개의 알이 무사히 부화한 둥지는 관찰한 전체 둥지의 91퍼센트였고, 9퍼센트의 둥지에서는 하나 혹은 2개의 알이 깨지거나 없어졌다.

알에서 갓 깨어난 젠투펭귄(제19차 월동연구대

젠투펭귄 새끼들은 1995년 2월 초순에 유치원을 만들고, 2월 20일경에는 해변으로 내려가 해변이나 둥지 주변을 돌아다니다가 3월 초순에 털갈이를 끝낸 후 바다로 들어갔다. 4월에는 100~200마리만 남기고 모두 군서지를 떠났으며, 남은 펭귄들도 바다가 얼어붙은 7월에는 모두 떠났다.

1995년의 경우(봄이 되어 깨진 알을 포함하여) 산란기간 내내 2개의 알을 산란한 젠투펭귄 둥지는 94퍼센트로 전년도의 산란율과 거의 같았다. 알 하나만 산란한 둥지도 그 전해와 같은 5퍼센트였다. 마지막으로 관찰한 1995년 12월 17일을 기준으로 관측 둥지의 70퍼센트가 낳은 알을 무사히 부화하였으며, 2개의 알 중 하나만 부화한 경우는 21퍼센트였다. 4퍼센트는 2개의 알 모두를 여전히 품고 있었고, 나머지 5퍼센트는 포란 중 알이 없어졌다.

턱끈펭귄은 1994/95년 산란 기간에 알을 2개 이상 낳은 비율은 90퍼센트였으나(이 가운데 두 곳의 둥지에서는 3개의 알이 발견되었다), 5퍼센트는 하나의 알을, 나머지 5퍼센트는 알을 낳지 못했다. 알은 12월 19일경 부화되기 시작했는데, 부화 기간이 끝날 때까지 무사히 부화된 둥지는 91퍼센트였다. 1994년 12월 29일까지 산란한 알을 모두 부화한 비율은 53퍼센트였고, 하나 이상 부화된 비율은 76퍼센트였다. 3개의 알이 있던 둥지 두 곳 중 한 둥지에서는 알 2개가 부화했고 하나는 품는 중이었다. 다른 둥지에서는 알 하나가 없어지고 나머지 2개만 부화하였다.

턱끈펭귄 새끼들은 1995년 2월 중순에 유치원을 만들었으며, 2월 20일경에는 일부가 바다로 들어갈 준비를 했다. 바다로 들어갈 단계에 있는 턱끈펭귄의 무게는 평균 3.36킬로그램(2.5~6.2킬로그램)이며, 날개 길이는 평균 11.3센티미터(10.2~12.6센티미터)였다. 무게와 날개 길이 사이에는 정正의 상관관계가 있었으나 정도는 그렇게 크지 않았다. 바다에 들어간 턱끈펭귄은 3월 말과 4월 초에 걸쳐 모두 군서지를 떠났다.

기지 건물 위로 줄을 지어 올라가는 젠투펭귄들(국립해양조사원 심문보)

아델리펭귄의 경우, 바다에 들어갈 무렵의 새끼가 3.2킬로그램이 되지 않으면 살아날 가능성이 거의 없다. 아델리펭귄과 턱끈펭귄 어미의 무게가 각각 5.0킬로그램과 4.5킬로그램이고, 바다로 들어갈 단계에 있는 턱끈펭귄의 평균 무게인 3.36킬로그램인데, 평균에 한참 못 미치는 2.5킬로그램인 새끼는 살아날 희망이 없다고 봐야 한다.

1995년 봄은 전년도에 비해 산란율이 높아서 관측된 둥지의 98퍼센트에는 2개의 알이, 2퍼센트에는 1개의 알이 있었다. 해양 조사에 참가하느라 1995년 12월 17일 마지막으로 군서지를 관찰했을 때 턱끈펭귄은 부화하지 않았다.

기존 연구에 따르면 젠투펭귄의 포란 기간은 35일, 턱끈펭귄의 포란 기간은 35~38일로 알려져 있다. 1994/95년에는 정확한 산란 시기를 알 수 없었으나, 1995/96년 관찰로 보면 포란 기간을 추정할 수 있다. 곧 11월 1~7일에 알을

2개씩 낳고 12월 8~15일에 관측 둥지의 92퍼센트에서 부화한 것으로 보아, 포란 기간은 33~38일 정도로 추정되어 과거의 연구 결과와 비슷하였다.

먹이잡기 • 기지에서 펭귄의 몸에 물감으로 표시를 하여 어미들이 먹이를 먹으려고 둥지를 떠나고 돌아오는 시각을 관찰했다. 암수 펭귄이 교대하는 시간이 젠투펭귄은 24시간이 안 되는 반면, 턱끈펭귄은 한 번 바다로 나가면 2~3일간 있었다. 그러나 하루 24시간을 쉬지 않고 관찰하고 적어도 일주일은 지켜봐야 믿을 만한 결과를 얻을 수 있는데, 관찰 시간이 너무 짧아서 제대로 관찰하지는 못했다.

새끼들이 상당히 크면 더 많이 먹기 때문에 부모 펭귄은 더 많은 먹이를 잡기 위해 바다에 더 오래 나가 있어야 한다. 한편 펭귄이 주로 크릴과 물고기를 먹는데, 펭귄의 혓바닥과 입의 양쪽 주변과 천장에는 목구멍 쪽으로 기울어진 단단한 돌기들이 많아, 한번 물린 큰 먹이는 빠져나갈 수 없다.

돌아온 펭귄과 한 살 된 펭귄의 둥지 틀기 • 1995년 2월 말과 3월 초에 왼쪽 날개에 표시한 턱끈펭귄 100마리 가운데 1995년 10~11월 사이에 21마리가 발견되었다. 1995년 말 20마리가 넘는 1년 된 턱끈펭귄이 둥지를 지은 것이 관측되었으며, 짝짓기를 통하여 산란하고 알을 부화시켰다. 턱끈펭귄 암컷은 3~4년이 지나야 낳기 때문에 만약 1년 된 암컷이 둥지를 틀고 알을 낳았다면 과거의 연구 결과와 전혀 다른 것이다.

턱끈펭귄의 둥지를 관찰한 결과, 절반 정도는 해안가 절벽처럼 다른 턱끈펭귄들이 덜 모이는 곳에 둥지를 트는 특성을 보였으며, 나머지는 다른 턱끈펭귄의 둥지가 있는 곳에서 불규칙하게 둥지를 틀었다. 이러한 이유는 펭귄들이 이전의 둥지로 돌아오는 회귀본능이 있어서 군서지로 돌아왔을 때 새로운 펭귄들이 둥지를 트는 것을 막기 때문이라고 판단된다. 실제로 과거에 표시된 턱끈펭귄들은 이전의 둥지로 돌아왔다. 한편 군서지 언덕 위에는 젠투펭귄과 턱끈펭귄이 어느 정도 섞여 살아서 둥지도 섞여 있다.

일본 학자들은

펭귄에 사진기를 부착해 • 일본 학자들은 2006년 12월과 2007년 1월 세종기지에 머물면서 군서지의 젠투펭귄 5마리의 등에 사진기[5]를 부착해 15초마다 촬영한 먹이를 먹는 4,302개의 장면을 분석하였다. 그 결과를 보면 젠투펭귄들은 평균 5시간(짧으면 4시간에서 길면 7시간 반) 정도 먹이를 잡았다. 잠수한 평균깊이는 35.8미터다. 가장 깊이 들어간 경우는 102.9미터, 가장 깊이 들어간 수심의 평균은 80.6미터다.

젠투펭귄은 3회에 1회 이상 바닥이 사진기에 찍힐 정도까지 헤엄쳐 내려갔는데, 이는 펭귄의 주먹인 크릴이 바닥에 있기 때문이다. 크릴이 동물플랑크톤이라 주로 물에 떠 있지만 관찰한 시간이 낮이기 때문에 바닥 가까이까지 내려가 있는 경우도 많다고 한다. 킹조지 섬에 펭귄 군서지가 여러 군데 있고 남극물개가 모여든다는 점을 볼 때 맥스웰 만 부근에 그들의 먹이가 되는 크릴이 많다는 것을 짐작할 수 있다.

젠투펭귄은 물 위로 나와 있는 시간이 물속에 있는 시간보다 약간 길었다. 관찰을 했을 때가 새끼들의 성장기여서 먹이가 많이 필요했던 것도 이유가 되겠지만, 워낙 성실한 습성 때문일 것이다.

당시 일본 사람들은 도시락을 싸 가지고 가 군서지에서 하루 종일 있었는

5. 수심을 알 수 있는 장치를 붙인 그 사진기는 지름 21밀리미터에 길이 123밀리미터, 무게는 73그램이다. 매초 기록되는 수심에 따라 15초마다 사진을 찍어 거의 1,200장을 찍는다.

먹이를 잡기 위해 바다로 뛰어드는 펭귄(제19차 월동연구대 조환성)

데, 1990년 초 아들레이 섬에 있는 펭귄 군서지에 왔던 일본 사람들도 아주 성실했던 것으로 생각된다. 실제로 우리나라의 학자가 일본 사람들이 꼼짝하지 않고 날씨와 바다의 변화와 펭귄과 도둑갈매기의 행동과 생태를 포함하여 군서지에서 일어나는 변화를 아주 세밀하게 기록하는 것을 보고 놀라던 모습이 아직도 기억이 난다.

펭귄 알 측정

특징이 있어 • 2000년 11월 기지에 온 제14차 월동연구대의 연구원은 하계 연구원과 함께 펭귄의 둥지에서 굴러 나와 버려지는 알들을 주워 와 측정했다. 이 측정은 몇 가지 재미있는 결과를 보여 주었다.

젠투펭귄의 알은 하얀색으로, 달걀처럼 갸름하며 평균크기는 68.6×55.2 밀리미터다. 짧은지름에 대한 긴지름의 비율은 1.25(1.18~1.35)다. 무게는 평균

113.4그램(98.21~128.08그램)이며, 빈 알에 물을 넣어 측정한 알의 내용량內容量은 평균 99.4cc(90~112cc)다. 무게와 내용량에 바탕을 둔 비중比重은 평균 1.15(1.09~1.21)다. 측정한 알은 8개로 너무 적어 통계상의 의미는 없겠지만, 무게와 부피의 상관계수를 구했다. 알의 모양이 갸름해 실제 부피를 구하기 어려워서 짧은지름(밀리미터)의 제곱에 긴지름을 곱한 뒤 1,000으로 나누어 부피를 구했다. 그렇게 구한 부피와 무게의 상관계수는 0.93으로 상당히 큰 상관관계를 보인다.

턱끈펭귄의 알은 파르스름하며, 평균크기는 66.5×51.0밀리미터다. 짧은지름과 긴지름의 비율은 평균 1.30(1.21~1.40)으로, 젠투펭귄의 알보다는 약간 작은 대신 더 갸름하다. 무게는 평균 93.6그램(79.69~105.83그램)이고, 젠투펭귄과 같은 방법으로 측정한 알의 내용량은 평균 78.4cc(67~88cc)다. 무게와 내용량에 바탕을 둔 비중은 평균 1.22(1.14~1.36)인데, 한마디로 젠투펭귄의 알보다는 속이 꽉 차 더 무겁다. 알 22개의 무게와 부피의 상관계수가 0.88로 젠투펭귄의 상관관계보다는 작았다. 이런 것을 볼 때, 턱끈펭귄보다 젠투펭귄이 크기 때문에 알도 크고 무겁고 둥글지만 비중은 작아서 속이 덜 차 있음을 알 수 있다.

어린 펭귄은 • 펭귄을 몇 년 동안 연구한 하계 연구원의 조사에 따르면, 둥지에서 측정한 젠투펭귄 알은 평균 127.4그램이며 턱끈펭귄 알은 평균 101.2그램으로, 둥지에서 굴러 나온 알보다 확실히 더 무겁다. 굴러 나온 알이 가벼운 것으로 보아 이는 종에 관계없이 어린 펭귄들이 낳은 것으로 보인다. 결국 어린 펭귄들은 작은 알을 낳고 알을 보호할 능력이 적어서 알을 많이 잃어버린다고 볼 수 있다.

둥지에 있는 젠투펭귄 알의 짧은지름에 대한 긴지름의 비율은 1.18로, 버려진 알보다 더 둥글다. 이런 것을 보면 젠투펭귄은 나이를 먹고 커 가면서 더 크고 둥근 알을 낳는 것으로 보인다. 커가면서 더 큰 알을 낳는다는 것은 이해되지만, 알이 둥글수록 더 잘 굴러갈 텐데 더 둥근 알을 낳는다는 것은 언뜻 잘 이해가 되지 않는다. 펭귄은 작은 자갈로 약간 우묵하게 둥지를 지어 알을 품는데, 발등에 있는 알은 특별한 경우가 아니고는 바깥으로 굴러 나가기 어렵기 때문에 굴러 나간 알은 알과 둥지의 모양 때문이 아니라 어미가 경험이 없다는 것이 더 큰 이유일 수도 있다. 펭귄이 발등에 알을 올려놓고 품는다는 것을 생각하면 경험이 중요할 것이며, 길쭉하면 발등에서 쉽게 균형을 잃을 수도 있다. 반면에 턱끈펭귄의 경우 둥지에 있는 알의 짧은지름에 대한 긴지름의 비율은 1.31로 버려진 알과 큰 차이가 없다. 이런 것을 보아 턱끈펭귄은 나이에 상관없이 알을 더 잘 보호해 부화하는 비율도 당연히 더 높을 것이라는 추측이 가능하다.

그렇게 생각하면 턱끈펭귄은 젠투펭귄보다 군서지에 늦게 와서 알도 덜 잃어버리고 새끼도 더 빨리, 더 많이 키운다는 결론을 내릴 수 있으며, 그만큼 더 똑똑하다고 볼 수 있다. 실제로 턱끈펭귄은 젠투펭귄보다 더 사나워서 사람에게도 밀리지 않는다. 또 바람 불고 눈 오는 추운 남극이 싫은지 빨리 한 마리도 남지 않고 완전히 떠난다. 반면에 젠투펭귄은 남극이 좋은지 더 일찍 오고 더 늦게 떠나면서도 완전히 떠나지는 않고, 새끼도 더 늦게 더 적게 키우며 겁도 많다. 비슷해 보이는 펭귄들이지만 남극이라는 가혹한 곳에서 살아가는 모습과 대응하는 방식이 다르다는 점이 신기하고 재미있다.

버려진 알을 모으면서 흔들면 소리가 나는 턱끈펭귄의 알 하나를 발견했다. 이는 노른자와 흰자가 분리되어(혹은 분리되지 않았더라도) 건조되었기 때문인 것으로 생각된다. 알의 내용물이 건조되기 전에 부패하는 것이 정상일 터인데, 이는 특수한 경우라 생각된다.

이 외에 버려진 다른 새알도 몇 개 수집해 크기를 재었다. 곧 2001년 1월에 처리한 남방큰풀마갈매기(자이언트페트렐)의 알은 미색으로 크기가 113.3×66.4밀리미터였으며, 짧은지름에 대한 긴지름의 비율은 1.71로 상당히 길쭉했다. 2001년 11월에 처리한 남극제비갈매기 알 2개는 각각 42.8×33.1밀리미터와 43.2×34.0밀리미터였으며 짧은지름에 대한 긴지름의 비율은 1.29와 1.27로 남방큰풀마갈매기에 비추어 상당히 둥글었다. 표면은 초록색이 감도는 연한 갈색 바탕에 갈색 또는 검은색 점이 많이 찍혀 있었다.

알은 어미 새의 건강 정도를 보여 주기 때문에 새끼 못지않게 알의 측정도 아주 중요하다. 건강한 어미가 건강하고 무거운 알을 낳고 그런 알에서 깨어나는 새끼도 건강하고 무게가 많이 나간다.

남극의 매, 도둑갈매기

야생의 새

아주 똑똑해 • 세종기지에서 가장 많이 볼 수 있는 새는 펭귄이 아니라 도둑갈매기(스쿠아)다. 펭귄은 대부분의 경우 군서지에 가야 볼 수 있지만, 도둑갈매기는 여기저기 날아다니기 때문이다. 기지에서 보이는 시커멓거나 진한 갈색의 큰 새가 도둑갈매기인데, 우는 소리가 귀에 거슬리고 검은색이라 기분 나쁘게 보일지 몰라도 아주 똑똑한 새다. 간혹 날개로 머리를 후려치거나 모자를 벗겨가는 수가 있으나 이는 알이나 새끼를 보호하려는 본능 때문이다.

기지 부근에는 2종의 도둑갈매기가 있다. 그중 하나인 몸집이 큰 갈색도둑갈매기는 주로 펭귄을 먹고 사는 반면, 도둑갈매기의 다른 종인 몸집이 작은 남극도둑갈매기는 크릴과 작은 물고기와 갑각류, 그리고 파도에 밀려오는 동물들을 먹고 살아간다. 2종의 도둑갈매기는 펭귄보다 1주 정도 늦게 오고 빨리 떠난다는 점에서 큰 차이가 없어 보인다. 실제 이들은 별개의 종으로 알려졌으나, 최근의 유전자 연구로는 큰 차이가 없어 같은 종으로 봐야 한다는 주장이 있다.

해표의 시체가 발견되면 부근에 있는 도둑갈매기와 남방큰풀마갈매기의 잔치가 열린다. 남극의 모든 새들이 고기를 먹지만 그중에서도 이 두 부류는 가장 크고 무서워서 맛있는 먹이를 먼저 차지하는데, 다른 새들은 얼씬 거리지 않는다. 몸집도 작을 뿐만 아니라 굳이 해표 고기 아니라도 먹을 것이 있기 때문일 것이다.

도둑갈매기는 흙을 약간 판 다음 지의류를 깔아 둥지를 만들고 알을 보통 2개 낳는다. 알은 더러운 녹색에 검은 반점이 있어 완전한 보호색을 띠고 있다. 도둑갈매기도 펭귄처럼 발등에 알을 올려놓고 품는데, 알을 품을 때에는 사나워지고 새끼가 부화되면 더욱 사나워진다. 만약 도둑갈매기가 목 쉰 소리를 내며 폭격하듯이 사람의 머리 위로 날아 내린다면 그 부근에 둥지나 부화된 새끼가 있다는 증거이므로 머리 위에 막대기나 볼펜 같은 것을 세워 도둑갈매기의 공격을 막고 빨리 그곳을 빠져나와야 한다.

기지 사람들이 도둑갈매기를 잡지 않고 내쫓지도 않아서 도둑갈매기는 사람 무서운 줄 모른다. 도둑갈매기 가운데도 엄연한 서열이 있어서 대장 도둑갈매기만 기지의 주방과 쓰레기를 처리하는 정비동 앞에 나타난다. 2009년 초까지 기지의 주방 부근을 떠나지 않는 대장 도둑갈매기는 턱 아래에 구멍이 생겨 혀가 빠져 바깥에서도 보였다. 2009년 여름이 끝날 무렵에는 다른 도둑갈매기가 그 자리를 차지했다는 것이 새를 전문으로 관찰하는 연구원의 말이다. 야생의 세계에도 분명한 질서가 있고 피치 못할 죽음이 있다.

도둑갈매기는 펭귄 군서지에서 펭귄들을 호시탐탐 노리다가, 어미가 조금만 틈을 보이거나 새끼가 혼자 있다고 생각되면 눈 깜짝할 사이에 덤벼드는

위 왼쪽 • 사람을 보며 사납게 우는 갓 깨어난 도둑갈매기 새끼들
위 오른쪽 • 사람에게 달려드는 도둑갈매기(극지연구소 김정훈)
아래 • 기지 남쪽 펭귄 군서지 높은 곳에서 펭귄들을 감시하듯 바라보고 있는 도둑갈매기

데, 상당히 큰 펭귄이 도둑갈매기에게 당하기도 한다. 도둑갈매기는 물고 간 새끼를 단 한 번의 공격으로 쪼아 죽인 다음 날개를 활짝 펴고 높게 울부짖어 짝을 부른다. 그 모습이 마치 "여보! 빨리 와요! 하나 잡았어!"라고 소리치는 것처럼 보이고 새의 표정도 기분 좋게 보인다.

맹금류라 • 2001년 2월 8일과 16일에는 세종곶에서 방금 죽은 것으로 보이는 펭귄 사체 각각 5마리와 2마리를 보았다. 25일에도 방금 죽은 것으로 보이는 펭귄의 사체를 부두 서쪽 해안에서 9마리, 동쪽 해안에서 5마리를 발견하였다. 3월 3일에는 중국 장성기지의 해안에서도 펭귄의 사체가 발견되었다는 말을 들었다. 이 펭귄들의 사체는 살이 크게 뜯어 먹히지 않았다는 점에서 어미 도둑갈매기가 새끼들에게 펭귄을 죽이는 법을 가르치려고 죽이지 않았나 하는 생각이 든다.

식성이 좋은 도둑갈매기는 펭귄의 깃털까지도 먹는다. 그러나 도둑갈매기는 깃털을 소화시키지 못하기 때문에 먹은 깃털을 1~2센티미터 크기의 둥근 뭉치로 만들어 뱉는데, 이 뭉치를 '펠릿pellet'이라고 한다. 도둑갈매기 둥지 부근이나 도둑갈매기가 자주 나타나는 곳에서 펠릿을 가끔 주울 수 있다. 한편 도둑갈매기는 우리가 던져 준 빵조각도 먹긴 했으나 그렇게 좋아하지는 않았다.

도둑갈매기는 가끔 떼를 지어 남극제비갈매기나 갈매기를 공격한다. 새들이 쫓기면서 비명을 지르면 다른 도둑갈매기들이 가세해 새들을 무리에서 떼어놓고 덤벼든다. 반대로 도둑갈매기는 가끔 남극제비갈매기 떼에게 쫓기기도 하는데, 200~300마리나 되는 남극제비갈매기가 재재거리면서 도둑갈매기에 덤벼들면 도둑갈매기가 아무리 무서운 새라도 도망을 갈 수밖에 없다. 이런 광경은 남극제비갈매기가 많은 바튼 반도의 남쪽 해안 빙퇴석 근처에서 볼 수 있다.

도둑갈매기는 펭귄이나 갈매기, 남극제비갈매기나 남극비둘기처럼 자신보다 작은 것들을 잡아먹고 산다고 알려져 있지만, 가끔 자신보다 훨씬 큰 파란눈가마우지를 공격하기도 한다. 1988년 봄으로 생각되는데, 마리안 소만 한가운데에서 도둑갈매기가 파란눈가마우지의 머리를 쉬지 않고 공격하는 광경을 목격한 일이 있다. 공격을 받은 파란눈가마우지가 바닷물 속으로 달아났다가 다시 나타나면, 그 위를 맴돌던 도둑갈매기가 다시 공격했다. 가마우지가 물속으로 달아나도 물 위로 다시 올라와야 한다는 것을 도둑갈매기는 알고 있다. 결국 도둑갈매기는 가마우지를 죽이지 못하고 한 20분 정도 지나 날아가 버렸다. 그러나 그렇게 공격한다는 것은 도둑갈매기가 가마우지를 잡을 수 있다는 말일 것이다.

얼마 후 도둑갈매기에게 죽음을 당했는지는 확인할 수 없으나, 펭귄 군서지로 가는 바닷가에서 목에 시뻘건 상처가 난 가마우지의 사체를 보고 아주 섬뜩하게 보여서 그 자리를 서둘러 떠났던 기억이 있다.

2001년 2월 표범해표에게 물려 찢어진 상처가 난 해표가 기지 부근에서 쉬자 도둑갈매기 몇 마리가 모여들었다. 그 해표가 죽으면 먹겠다는 생각이었을 것이다. 그러나 해표가 건강하다는 것을 알자 모두 날아가 버렸다. 남방큰풀마갈매기도 사람이 누워 있으면 먼 곳에서 감시를 한다.

새끼 도둑갈매기 관찰

잘 크다가 사라져 • 1995년 1월 24일 기지의 서쪽에 있는 지진관측동 아래쪽 평지에서 어른 주먹 1개보다는 크고 2개보다는 작은 새끼 도둑갈매기 한 마리가 있는 둥지를 발견했다. 도둑갈매기 새끼는 등과 겨드랑을 긁고 털을 쓰다듬고 머리를 파묻고 날갯짓을 하는 모양새가 크기만 작았지 어미 흉내를

다 내었다. 부모 도둑갈매기는 새끼를 감싸지 않는다는 점에서 새끼를 상당히 강하게 키운다는 느낌을 받았다.

어미는 하얀 죽 같은 것을 토해 새끼에게 먹이고 부리 속에 있는 것도 찍어 먹였는데, 이는 어미가 먹었던 먹이가 어느 정도 소화된 것이라 생각된다. 새끼 도둑갈매기는 어미가 가져온 펭귄 껍데기와 기지 주방에서 나온 남극대구 머리도 쪼아 먹었다.

2월 1일에는 몸집도 처음 보았을 때보다 2~3배나 커졌고 속 날개도 나와 3~5센티미터 정도가 되었다. 날갯짓도 크게 하고 근육도 발달했으며, 진눈개비가 내려도 그대로 맞았다. 2일 새벽에는 큰 도둑갈매기 4마리가 새끼의 털을 물어 뽑는 듯했는데, 새끼도 지지 않고 부리를 벌리고 덤벼들면서 달아났다. 몸은 그 전날보다 더 커진 것같이 보였으며 등에는 두 줄의 검은 줄도 보였다. 3일 12시 40분경에는 어미가 물고 온 남극대구 머리를 쪼아 먹었고 날개에는 검은 털도 났다. 이날은 새끼 도둑갈매기가 둥지에서 10~15미터 떨어진 곳까지 돌아다녔다.

새끼를 마지막으로 본 것은 2월 5일 새벽 5시 46분이었는데, 그 후로 새끼는 보이지 않았다. 처음에는 바위 뒤에 숨은 줄 알고 쌍안경으로 찾았으나 보이지 않았다. 다른 어미 도둑갈매기나 남방큰풀마갈매기의 소행으로 생각되지만 공격하는 장면을 보지는 못했다.

무참하게 죽어 • 지진관측동과 남쪽의 지자기관측동 사이 평지에 있는 둥지에는 1995년 1월 23일에 새끼 2마리가 있었으나 며칠 지나자 1마리만 남았다. 부모 도둑갈매기는 새끼를 끔찍이 보호했고, 2월 2일에는 어미가 붉은 피가 묻은 해표의 지느러미뼈를 가지고 왔다. 8일에 새끼는 날개와 꼬리가 나고 다음날에는 날개 길이가 15~20센티미터는 되어 보였다. 13일에는 날개깃도 많이 나고 가까이 가면 달아나 최소한의 자기보호를 했다.

이 도둑갈매기 새끼는 다음날 오후 4시 40분경 죽은 채 발견되었는데, 사체를 발견했을 때는 피도 마르지 않아서 아마도 발견되기 직전에 공격을 받은 것으로 보였다. 주변에는 6~7마리의 도둑갈매기가 사람의 눈치를 보며 멀찍이 모여 있었다. 죽은 도둑갈매기의 부모가 곧 나타나 다른 도둑갈매기가 새끼의 사체에 가까이 오지 못하도록 막았는데, 자세히 보니 어미 도둑갈매기는 새끼의 내장으로 보이는 것을 먹고 있었다.

새끼의 사체를 먹는 것이 육식성 조류에서 흔한 일인지 궁금했는데, 그 후 러시아 기지에서 도둑갈매기를 연구하는 독일인 학자를 통해서 어미 도둑갈매기가 먹을 것이 없으면 새끼를 잡아먹는다는 이야기를 들었다. 30년 정도 사는 도둑갈매기는 일생 동안 20마리가 넘는 새끼를 키우면서 특별한 경우 한두 마리는 희생시킨다. 그렇게 해서라도 어미가 살아남는 것이 종種으로 보면 나은 것이다.

어미가 되어 • 도둑갈매기는 태어난 시기와 성장 정도에 따라 다르지만 2월 하순에는 날개와 얼굴과 부리가 검어지기 시작해서 도둑갈매기 티가 난다. 그맘때부터는 날개 길이도 40센티미터는 되며, 날갯짓도 크게 한다. 날지는 못해도 커다랗고 힘 있는 날갯짓을 보면 육식을 하는 강력한 새의 새끼라는 것을 알 수 있다.

3월 초순이면 연갈색의 솜털이 사라지고 온몸에 검은 깃이 나기 시작하며 얼굴이 검어진다. 또 열흘이 지나면 몸의 크기도 어미와 비슷해지며 윤기가 흐르는 까만 깃으로 온몸이 완전히 덮인다. 물론 그맘때는 깡충깡충 뛰면서 날갯짓을 해 금방이라도 날 것처럼 보인다. 도둑갈매기 새끼들은 3월 중순이면 날기 시작하는데, 먼저 좌우로 5~15미터 정도를 날고, 시간이 더 지나면 가까운 거리를 날아 돌아오면서 비행 능력을 기른다.

그러나 도둑갈매기 새끼는 어미와는 많이 다르다. 체구는 같아도 몸이 새까만 색깔로, 목의 윗부분과 몸체와 날개가 갈색이지만 어미와는 색조가 다르다. 게다가 어미의 깃은 빳빳해 몸에 붙지만 새끼의 깃은 바람에 가볍게 날린다. 꼬리도 어미만큼 크지 않고 몸이 어미보다 더 불룩해 다리가 짧게 보인다. 또 자세나 태도가 당당하지 못하고 항상 쭈그리고 있어 눈에 띈다.

4월 초순이면 살던 곳을 떠나는데, 4월 중순까지도 어미에게 먹이를 달라고 킹킹거리는 모습이 아기가 보채는 모습과 비슷하다. 그래도 새끼는 한구석에 쪼그리고 앉아 있거나 뒷전에 밀려나, 다른 어미들 사이에는 얼씬거리지도 못한다. 어미 도둑갈매기들이 가져온 펭귄 날개를 놓고 싸울 때에도 새끼 도둑갈매기는 끼지 못한다. 기지 근처에 있는 얕은 호수에 어미 도둑갈매기들이 모여 목욕을 할 때도 새끼 도둑갈매기들은 어미 도둑갈매기를 기다리는지 앉아 있을 따름이다.

한편 1994/95년 기지 부근에서 관찰된 도둑갈매기 네 무리의 가족에서 부화된 새끼 가운데 5마리는 어미가 되었다. 이런 것을 보아 (비록 관찰된 도둑갈매기 가족의 숫자가 적기는 해도) 2마리의 새끼가 다 크는 확률은 25퍼센트 정도로 보인다.[6]

6. 새를 연구하는 학자는 2004/05년 기지 주변에서 120개의 도둑갈매기 둥지를 세었다.

다른 새들

몇 종이 있어 • 기지 주변에는 펭귄과 도둑갈매기뿐만 아니라 도미니카갈매기, 핀타도페트렐, 눈페트렐, 윌슨스톰페트렐, 파란눈가마우지, 남극비둘기, 남극제비갈매기, 남방큰풀마갈매기 같은 새들이 많이 서식하고 알바트로스도 가끔 출현한다.

기지 부근의 땅이 녹고 펭귄이 오고 이어서 도둑갈매기가 기지 부근에 나타나면서 하얀 색깔의 새인 눈페트렐과 남극비둘기가 사라진다. 눈페트렐은 사우스셰틀랜드 군도를 완전히 떠나는 것으로 보이지만 남극비둘기 일부는 기지 부근에서 여름을 넘기는 것으로 보인다. 곧 바튼 반도의 남쪽 바위에서 한여름에도 남극갈매기가 번식하는 것이 관찰되었기 때문이다. 봄이 되어 눈이 녹아 땅이 드러나기 시작하면 몸이 검은 새인 윌슨스톰페트렐과 핀타도페트렐, 남극제비갈매기가 나타난다. 핀타도페트렐과 남극제비갈매기는 수백 마리가 한꺼번에 돌아와 번식할 곳으로 흩어지는 것으로 보인다. 핀타도페트렐은 바튼 반도 남쪽 해안의 바위섬과 아들레이 섬에서 번식한다.

남극제비갈매기는 기지 부근에서 번식하며 바튼 반도 남쪽에서도 동쪽, 곧 빙퇴석이 흘러내리는 곳 부근의 언덕에서 유난히 많이 서식한다. 남극제비갈매기는 겁이 많기 때문에 가까이 갈 때는 조심해야 한다. 가끔 남극제비갈매기의 둥지에서 발견되는 깨어진 알은 어미가 놀라서 날아오르면서 깨어진 것으로 보인다. 남극제비갈매기의 새끼는 자라면서 점점 바닷가로 가까이 간다.

4월로 접어들어 턱끈펭귄이 군서지를 떠나고 기지 부근에 눈이 하얗게 내리면, 몸이 검은 새들은 사라지고 하얀 새들이 나타난다. 반면에 남방큰풀마갈매기와 파란눈가마우지와 도미니카갈매기는 겨울에도 기지 부근을 떠나지 않는다. 도미니카갈매기의 1~2년 된 새끼는 어미 갈매기와는 달리 알록달록하다.

위 왼쪽 • 유럽참새(극지연구소)
위 가운데 • 파란눈가마우지(제4차 월동연구대 이석원)
위 오른쪽 • 남극비둘기(극지연구소 정호성)
아래 왼쪽 • 남극제비갈매기(극지연구소)
아래 오른쪽 • 자이언트페트렐 어미와 새끼(극지연구소 정호성)

킹조지 섬에 있는 새들은 모두 철새다. 그리고 기지에서 보이는 새들 대부분이 물새이므로 겨울에도 먹이를 잡을 수 있는 곳, 곧 바다가 얼지 않는 부분을 찾는다. 예컨대, 넬슨 섬과 킹조지 섬 사이의 필데스 해협의 일부 지역이 그런 곳인데, 20마리가 넘는 파란눈가마우지가 그곳에 모여 있는 것이 1995년 9월 11일에 목격되었다. 그때 맥스웰 만과 마리안 소만은 대부분이 얼어 있었다.

펭귄도 그렇지만 기지 부근에 있는 대부분의 새는 전문가 아니면 암수를 구별하기 어렵다. 새를 연구하는 학자들이 관찰한 결과를 보면, 암수를 구별하기 어려운 새들은 금실이 대단히 좋아, 암수가 아주 잘 협조해 둥지를 만들고 알을 품고 새끼를 키운다.

더 큰 관심을 가져야 • 펭귄과 남방큰풀마갈매기의 알은 하얀색이라 땅바닥과 혼동할 염려가 없다. 그러나 도미니카갈매기와 남극제비갈매기의 알은 갈색이 섞인 연두색에 검은 점이 찍혀, 둥지를 만드는 지의류나 땅바닥과 비슷한 완전한 보호색을 띠고 있다. 그러므로 혹시 새들의 울음소리가 이상하다고 생각되면 빨리 그곳을 떠나야 한다. 땅 위에 작은 자갈을 모아 만든 남극제비갈매기의 자그마한 둥지는 특별히 조심해야 한다. 주로 지의류와 이끼를 모아서 짓는 도미니카갈매기의 둥지는 바위 꼭대기와 빙퇴석이 흘러내리는 곳에 많은데, 완전한 보호색을 띠고 있다.

2001/02년 여름과 2006/07년 여름에는 참새처럼 보이는 갈색의 작은 새 한 쌍이 펭귄 군서지에 나타난 적이 있다. 흔히 '유럽참새'라고 부르는 이 새와 임금펭귄이 나타난 것은 지구가 더워져 생긴 현상으로 보인다. 이런 것으로 보아, 앞으로 아남극[7]과 그 북쪽에 있는 새들이 기지 주변에 나타날 가능성이 높다. 한편 기지에서 남아메리카 파타고니아Patagonia에 있는 황물새의 다리뼈가 채집되었는데, 그 뼈를 채집한 조류학자의 말로는 그 새는 길을 잘못 들은 것이라고 한다.

기지 부근에 있는 펭귄은 제1차 월동 때부터 관심의 대상이 되어, 월동연구대에 따라 띄엄띄엄 관찰되고 기록되었다. 1990년대와 2000년대 초에 걸쳐 칠레 생물학자와 공동으로 몇 년간 체계가 잡힌 펭귄 연구를 했으나 계속되지 못했다. 반면에 2004/05년부터는 도둑갈매기의 발목에 고리ring를 다는 것부터 시작해, 생태에 대한 체계 있는 연구가 시작되었는데, 다른 조류도 체계가

7. 아남극은 남위 60도의 북쪽으로 남극의 차가운 물과 북쪽의 덜 차가운 물이 만나 생기는 남극수렴선南極收斂線의 남쪽을 말한다. 아남극은 남극은 아니지만, 아남극에 있는 8개의 상주 기지들은 남극 연구를 조정하는 국제기구인 남극연구과학위원회가 조정한다.

선 연구를 할 필요가 있다.

또한 새에 서식하는 기생충에 대한 연구도 필요하다. 새에는 크게 새의 몸 자체에 기생해 피를 빨아먹고 사는 기생충과 새의 깃털에 기생하면서 깃털을 갉아먹고 사는 기생충이 있다. 전자는 새가 죽는 순간 새의 몸을 떠나지만, 후자는 천천히 떠나며 옆에 다른 새가 없으면 죽은 새와 함께 죽는다. 둘 다 크기가 아주 작아 맨눈으로는 거의 보이지 않는다.

포유동물

남극물개

기각류鰭脚類[8]에 속하는 남극물개는 대부분 기온이 약간 떨어져야 나타난다. 남극물개는 긴 앞쪽 지느러미와 앞으로 돌릴 수 있는 뒷지느러미로 불편하나마 상당히 빨리 뛸 수 있다. 또 사람이 자신을 공격한다고 생각되면 무섭게 덤벼든다. 주로 남극대구 같은 물고기를 먹지만 가끔 펭귄을 잡아먹기도 하는 남극물개의 송곳니는 손바닥에 그으면 하얀 줄이 생길 정도로 날카롭다. 사람이라도 이렇게 날카로운 이빨에 물리면 큰 상처를 입을 것이다.

남극물개의 털은 이중으로 되어 있는데, 겉의 뻣뻣한 털은 방수용이며 속의 보드랍고 연한 갈색의 털은 보온용이다. 이렇게 남극물개는 털의 보온성이 좋기 때문에 몸에는 지방이 적어 날씬하므로 잠을 잘 때 웅크리고 잔다. 반면에 털이 짧은 해표는 털의 보온 능력이 좋지 않고 지방이 단열 구실을 해서

8. 바다에서 사는 육식 포유동물인 기각류는 다리 대신 지느러미가 있는데, 물개와 해표와 해마海馬가 여기에 속한다. 해마는 해상海象으로 불리기도 하며 북극에만 있다. 한편 더운 바다에 있는 듀공과 해우海牛는 해표처럼 기각류에 속할 것 같아도 초식 포유동물이다.

바튼 반도의 남쪽 해안에 나타난 남극물개. 멀리 보이는 섬이 넬슨 섬이다.

몸이 뚱뚱하므로 배를 깔고 기어 다니며 길이로 늘어져서 잔다.

남극물개는 한두 마리나 몇 마리씩 몰려다니더라도 가족이 아닌 경우도 있지만 30마리나 되는 가족도 있다. 그때 무리의 대장인 수컷 물개의 기세는 등등해서 사람에게 조금도 밀리지 않는다. 또 남극물개도 물개의 한 종種으로, 지능이 높아서 사람과 친해지기도 한다. 1988년 아르헨티나 기지에서 본 남극물개 수컷은 나를 처음 본다고 덤벼들 것처럼 행동했으나, 아르헨티나 사람들의 말은 아주 잘 들어서 그들의 말 한 마디에 금방 물러섰다. 남극물개 수컷은 보통 암컷보다 큰데, 나이 먹은 수컷은 아주 커서 길이가 2미터 가까이 된다. 남극물개는 암컷도 조심해야 하지만 수컷들은 아주 조심해야 한다.

남극물개는 12월 초부터 새끼를 낳기 시작하며 중순에 가장 많이 낳는다. 눈망울이 큼직한 새끼 물개의 사진을 보노라면 물개 새끼도 여느 동물과 마찬가지로 아주 귀엽다. 새끼 물개는 1월부터 헤엄을 치기 시작하여 3월이 되면 수영 실력이 크게 향상되는데, 그러는 동안 표범해표에게 많이 잡아먹힌다. 남극물개는 남극에 있는 기각류 가운데 젖을 가장 오래 먹어서 태어난 지 넉 달이 지나야 젖을 뗀다.

남극물개는 보통 크릴과 물고기와 오징어를 잡아먹는 것으로 알려져 있으나 수컷은 펭귄을 잡아먹는 경우도 많다. 실제로 남극물개의 배설물을 연구한 결과를 보면 (해에 따라 다르지만) 남극물개의 8분의 1 정도는 펭귄을 먹는 것으로 나타났다.

남극물개의 먹이를 연구하려면 먼저 신선한 배설물을 채집해 썩지 않게끔 70퍼센트 에틸알코올에 보존한다. 그 배설물을 구멍 크기가 1.5밀리미터, 1.0밀리미터, 0.5밀리미터인 체로 씻어 체에 걸리는 물질들을 분리하여 분석한다. 예컨대, 크릴의 눈알과 꼬리 껍데기로는 크릴의 크기와 양을 추정하고 (크릴이 클수록 눈알과 꼬리 껍데기가 크기 때문이다), 오징어의 부리로는 오징어 종류와 크기, 무게를 유추한다. 가오리 껍질의 돌기와 가시도 발견되는데, 이것들로 가오리의 종을 알기는 어렵다고 한다. 물고기 머리 뒤 양쪽에 있는 이석耳石으로는 물고기의 종과 크기, 무게와 나이뿐 아니라 좌우의 모양이 대칭이기 때문에 같은 종의 물고기라도 그 수를 추정할 수 있다. 이석, 크릴의 눈알이나 꼬리 껍데기, 가오리의 돌기와 가시는 소화되지만 새의 깃털은 소화되지 않는데, 펭귄의 깃털로 물개가 펭귄을 먹었다는 것을 알 수 있다. 이와 같은 방법으로 다른 해표들의 먹이를 연구할 수도 있을 것이다.

해표

웨들해표 • 세종곶이나 바튼 반도의 해안에서 언제나 볼 수 있는 웨들해표는 착한 표정이 특징이다. 사람이 귀찮게 해도 특별히 사나운 행동을 보이지 않고 잠만 잔다. 웨들해표의 털은 아주 빳빳하고 짧으며 남극물개와 달리 속털이 없어 체열을 보존하지 못한다. 웨들해표는 깊이 잠수할 때는 비장脾臟에 적혈구를 보관했다가 순환시키기 때문에 비장이 아주 크다(다른 해표들도 깊이 잠수하는 동안에는 이런 방법으로 산소를 공급한다).

크릴도 먹지만 물고기나 오징어를 주로 먹는 웨들해표의 이빨은 상당히 날카로운 작은 삼각형이다(그러나 남극물개의 이빨보다는 작고 약하게 보인다). 웨들해표는 바다가 얼면 얼음을 갈아서 숨을 쉴 구멍을 만드는데, 그러면서 이빨이 닳아 22년 이상 사는 경우는 드물다고 한다. 웨들해표 수컷은 물속에서 암컷보다 다양한 소리를 내며, 30킬로미터 떨어진 곳에서도 서로의 소리를 알아들을 수 있다.

웨들해표는 9월 초순에서 중순경 넬슨 섬 북쪽 해안에서 새끼를 낳는다. 웨들해표의 새끼는 태어났을 때는 지방이 없어 몸이 홀쭉하지만, 털이 아주 촘촘하고 길어 추위에 잘 견딘다. 붉은 배꼽을 달고 어미의 젖을 빠는 새끼는 기름이 많은 어미의 젖을 먹고 하루하루가 다르게 토실토실해진다. 사람이 특별히 새끼에게 가까이 가지 않는 한, 어미 해표는 사람을 그렇게 경계하지는 않는다. 반면에 새끼 해표는 야성 본능이 있어서인지 사람에게 적대감을 보이는 수가 있다. 아무리 새끼지만 태어난 지 며칠만 지나도 사람에게 야성을 보인다는 점에서 역시 야수이고 적을 아주 빨리 알아보는 것 같다.

어미 웨들해표는 2주 동안은 새끼를 옆에서 돌보며 그 후에는 가끔 바다로 간다. 새끼는 태어난 지 열흘이 되지 않아 수영을 배우는데, 처음에는 물을 무서워하는 새끼를 어미가 독촉해 물로 끌어들인다고 한다.[9] 새끼는 젖을 떼고 바다로 혼자 들어가기 전까지, 태어나서부터 6~7주 동안 어미가 돌본다. 그동안 새끼는 25~30킬로그램에서 100킬로그램으로 몸무게가 늘어나는 반면, 어미는 450킬로그램에서 300킬로그램으로 줄어든다. 웨들해표는 태어난 곳에서 멀리 떠나지 않고 다시 돌아오는 것으로 알려져 있다.

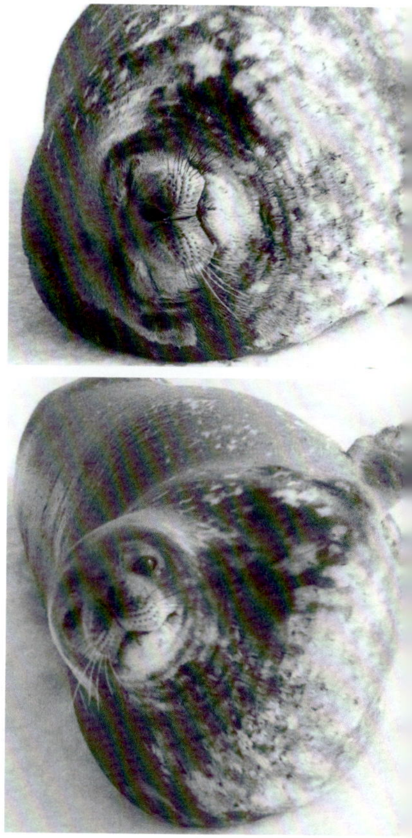

웨들해표(극지연구소 정호성)

넬슨 섬 북쪽 해안에는 매년 9월이 되면 웨들해표가 모여서 새끼를 낳는데, 그 광경을 보려고 1991년 당시 러시아 기지 대장과 함께 가거나 우리끼리 몇 번 갔던 기억이 있다. 장소는 넬슨 섬 체코 기지 북북동쪽의 언덕 뒤편인데, 필데스 해협의 남쪽 연안으로 체코 기지에서 1.5킬로미터 정도 떨어져 있다.

1995년에 월동할 때는 연구 활동의 일환으로 그곳을 몇 번 찾아갔다. 처음 찾아갔던 9월 11일 오전은 맑은 날씨에 기온은 −12.0°C에서 −14.1°C였다. 그때는 7마리의 해표가 새끼를 데리고 있었다. 새끼 1마리는 방금 태어났지만 나머지 새끼들은 태어난 지 며칠 된 것처럼 보였다. 어미 해표의 젖꼭지는 아랫배 양쪽에 약

9. 기지 주변에서 볼 수 없는 로스해표는 11~12월에 새끼를 낳고, 아주 빨리 수영을 배우는 것으로 알려져 있다.

웨들해표 어미와 새끼(1992년 1월 러시아 기지에서 고인이 된 러시아 기지 대장 V. 스테파노프)

웨들해표 새끼. 눈이 크고 털이 길고 몸이 수척하지만 곧 토실토실해진다.(1992년 1월 러시아 기지에서 고인이 된 러시아 기지 대장 V. 스테파노프)

간 돌출되어 하나씩 달려 있는데, 새끼들은 어미 옆에 누워 있거나 젖을 빨고 있었다.

9월 18일은 맑은 날씨에 기온은 −1.8℃에서 −4.4℃였다. 이날은 두 곳을 찾아갔다. 먼저 11일에 갔던 곳에는 몇 마리가 늘어 15마리가 모두 새끼를 데리고 있었다. 2마리는 태어난 지 하루가 되지 않아 탯줄이 붙어 있었고 해표 주변에는 빨간 피가 보였다. 새끼 5마리는 잘 크는 것처럼 보였으나 나머지는 태어난 지 며칠 되지 않아서인지 몸이 홀쭉했다.

거기서 서쪽 언덕 너머에 있는 곳에는 어미 해표 41마리에 새끼 37마리가 있었으며, 그중 4마리도 배가 불러 곧 새끼를 낳을 듯이 보였다. 새끼 4마리는 잘 크는 것처럼 보였으며 나머지 새끼들은 홀쭉했다.

9월 20일 오후도 맑았고 기온은 −3.6℃에서 −4.4℃였다. 그날 오후, 11일과 18일 찾아갔던 곳에는 어미 해표 21마리가 새끼 20마리를 데리고 있었다. 새끼 6마리는 잘 크는 것 같았고 나머지는 홀쭉했다. 18일에 처음 찾아갔던 곳에는 어미 해표 44마리와 새끼 40마리가 있었다. 어미 3마리는 배가 불러 있었고 1마리는 새끼가 없었다.

9월 28일 오후는 흐렸고 기온은 −2.8℃에서 −7.3℃였다. 11일부터 찾아갔던 곳에는 32마리의 어미와 28마리의 새끼가 있었다. 2마리는 방금 태어난 것으로 보였으며 탯줄이 붙어 있는 새끼도 4마리나 있었다. 새끼 14마리는 잘 컸으며 나머지는 금방 태어나 홀쭉했다.

18일부터 찾아간 곳에는 어미 49마리와 새끼 45마리가 있었고, 그중 어미 3마리는 배가 불렀으나 1마리에게는 새끼가 없었다. 3마리의 새끼에게서는 탯줄이 보였으며 31마리는 잘 크고 있었다.

해표가 새끼를 낳는 곳에는 언제나 남방큰풀마갈매기와 남극비둘기가 있다. 남방큰풀마갈매기는 어미 해표가 천적에게 죽어 어미가 없는 해표를 찾

해변에서 잠을 자고 있는 웨들해표 새끼(제19차 월동연구대 조환성)

거나, 어미의 보호가 소홀한 틈을 타서 새끼의 눈과 배꼽과 항문을 파먹으려고 호시탐탐 기회를 노린다. 남극비둘기는 태반을 뜯어먹으려고 새끼를 낳는 어미 주위를 맴돈다.

1991년 봄 그곳에 갔을 때 남방큰풀마갈매기에게 죽임을 당한 해표 새끼를 본 적이 있다. 두 눈이 없어지고 배꼽과 항문이 시뻘겋게 파인 그 해표 새끼의 사체가 섬뜩한 생각이 들어 손을 대지 않았으나 지금 생각해 보면 좋은 표본을 놓쳤다는 생각이 든다. 그러나 다행히 2001년 월동했을 때 중국 기지의 도움으로 (가족은 아니지만) 죽은 웨들해표 어미와 새끼를 1마리씩 구한 적이 있는데, 박제로 만들어져 지금도 서대문 자연사박물관에서 가끔 전시된다.

코끼리해표 • 기지 남쪽 바튼 반도의 해안을 가보면 가끔 몸에 알파벳과 번호가 쓰여 있고 뒷지느러미에 주황색 플라스틱 이름표가 달린 코끼리해표 새끼들을 만날 수 있다. 이웃 아르헨티나 기지에서 연구하면서 붙여놓은 이름표다. 그들은 코끼리해표가 새끼를 낳으면, 삼각대로 받친 저울로 새끼의 무게를 재고 어미를 마취시킨 다음 어미의 젖과 피를 채집한다. 그러면서 번호를 몸에 쓰거나 낙인을 찍고, 또 필요하면 이름표도 달 것이다.

코끼리해표 새끼는 호기심이 있어 부두 위까지 와서 차량 아래서 잠을 자는 녀석도 있다. 코끼리해표는 젖을 뗀 뒤에 동성 새끼들끼리 모여 사는데, 바튼 반도의 남쪽 해안에서 그런 모습을 볼 수 있다. 수컷들은 8~9년 지난 다음 다른 수컷이 데리고 있는 암컷 무리에게 가까이 가서 주도권 싸움을 한다. 그동안 코는 공명상자처럼 발달해 코끼리의 코처럼 굵은 주름이 생긴다.

2001년 10월 하순경 넬슨 섬 동쪽 끝 뒤뜨와 포인트Duthoit Point에서 본 코끼리해표 가족 옆에는 다른 수컷이 기회를 노리고 있었다. 물론 두목 수컷은 자기의 암컷들을 지키려고 다른 수컷의 접근을 완강히 막았다. 당시 34마리의 암컷은 모두 새끼를 1마리씩 데리고 있었다. 방금 태어난 새까만 새끼 코끼리해표는 상당히 큰 소리로 압! 압! 하고 울어 자신의 뜻을 강하게 나타낸다. 길이 1미터 정도인 코끼리해표의 새끼는 통통하고 윤기 나는 털이 그렇게 길지 않아서 지방층이 상당히 두껍다는 것을 알 수 있다.

어미 코끼리해표는 20~25일간 새끼에게 젖을 먹이는데, 그동안 새끼의 무게는 40킬로그램에서 120킬로그램으로 늘어난다. 어미가 바다로 돌아가면서 새끼는 갑자기 젖을 뗀다. 표범해표가 무섭다는 것을 모르는 새끼 코끼리해

기지 남쪽 해안에서 잠든 어린 코끼리해표

아르헨티나 연구원들이 찍은 코끼리해표 새끼. 코끼리해표의 등에는 낙인이 찍혀 있고, 뒷지느러미에는 주황색 이름표가 보인다.

표는 바위 위에 앉아 있다가 표범해표의 먹이가 되곤 한다.

기지 바튼 반도의 남쪽 해안에서 볼 수 있는 코끼리해표는 몸을 축축한 모래로 식히려고 가끔 모래를 몸 위에 끼얹는다. 코끼리해표의 지방층은 대단히 두꺼워 단열이 아주 잘 되기 때문에 때때로 몸을 식혀 주어야 한다.

표범해표 • 여름에는 주로 물개 새끼나 펭귄을 잡아먹고 사는 표범해표는 기지 부근에서 볼 수 있는 가장 무서운 해표다. 몸길이가 4미터 정도에 턱과 머리가 크고 등이 불룩해 눈에 띈다. 정면에서 보면 큼직한 입과 잘생긴 머리, 굵직한 목덜미에 검은 반점이 찍혀 있고, 가끔 크고 날카로운 송곳니로 위협하는 게 다른 해표와 다르다. 표범해표는 얼음 위에 길게 엎드려 잘 때 사람이 가까이 가면, 잠자는 것을 방해하지 말라는 듯이 송곳니를 드러내며 위협한다.

표범해표는 먹이를 물고 흔들어 껍질을 벗긴다. 표범해표가 펭귄을 물고 흔드는 장면을 보기 힘든데, 제17차와 제19차 월동연구대의 전기기술자인 김홍대 씨는 표범해표가 젠투펭귄으로 보이는 펭귄을 던지고 다시 물어 바다 표면에 후려치는 장면을 운 좋게 사진기에 담을 수 있었다.

표범해표가 삼킨 깃털은 그대로 배설된다. 예컨대, 2001년 1월 하순 얼음덩어리 위에서 자고 있는 표범해표 옆에서 채집한 배설물에는 펭귄의 깃털이 섞여 있었다. 처음에는 해표의 배설물에서 지독한 냄새가 날 것이라 생각했지만 실제로 냄새는 거의 나지 않았다. 또 깃털은 보기에도 아주 생생해 소화되었다는 생각은 들지 않았다(깃털을 씻었다면 더 잘 알 수 있겠지만, 씻으면 귀중한 자료가 사라질 것 같아 그대로 보관했다).

표범해표는 호기심이 많아서 가끔 고무보트를 따라오기도 한다. 그러나 사람을 공격하기 때문에 표범해표가 가까이 있거나 시료를 채집하려고 잠수할 때는 특별히 조심해야 한다. 실제로 2003년 7월 영국 로드라Rothera 기지에서 생물학자인 커스티 브라운Kirsty Brown이 스킨스쿠버를 하다가 표범해표에게 물려 죽음을 당한 일이 있었다.

표범해표가 다른 해표를 잡아먹는다는 말은 몇 번 듣기는 했으나, 그런 장면을 본 적은 없고 간발의 차이로 살아난 해표는 본 적이 있다. 2001년 2월 지진관측동 옆에 와서 쉬던 크랩이터해표가 그 주인공이다. 당시 그 해표의 등 아래쪽에는 길이 15센티미터와 10센티미터에 깊이 4센티미터가 넘는 두 줄의 상처가 있었는데, 한 줄은 지방층까지 찢어졌고 다른 줄은 더 깊게 찢어져 붉은 근육까지 찢어졌다. 두 상처가 찢어진 깊이는 달랐지만, 그런 상처를 낼 수 있는 동물은 표범해표뿐이다. 상처의 사이의 폭은 표범해표 위턱의 송곳니 사이의 거리일 것이다.

2009년 1월 해안에서 보았던 붉은 피가 묻어 있던 해표의 지느러미 조각은 주인공이 얼마나 비참하게 죽음을 당했는지를 보여 준다. 그 지느러미는 표범해표나 범고래가 힘껏 잡아당겨 찢어진 것으로 보였다.

크랩이터해표 • 남극에 가장 많아 1,500만 마리에서 4,000만 마리가 있다고 알려진 크랩이터해표는 땅에도 올라오지만 주로 얼음 위나 물속에서 몇

표범해표가 펭귄을 잡아먹는 모습(제17차 월동연구대 김홍대)

유빙 위에 있는 표범해표

표범해표에게 물렸다가 구사일생으로 살아난 크랩이터해표의 상처(제14차 월동연구대 권용일)

마리씩 무리를 지어 다닌다. 암수가 사이가 좋은 크랩이터해표는 두 마리가 헤엄치거나 함께 있는 모습을 자주 볼 수 있다.

크랩이터해표의 몸에 나 있는 이빨자국은 크랩이터해표가 주로 표범해표나 범고래의 공격목표라는 것을 보여 준다. 전체 크랩이터해표 가운데 표범해표나 범고래의 이빨자국이 나 있는 크랩이터해표는 78퍼센트에 달한다는 보고도 있다.

오래 살면 39년까지 산다는 크랩이터해표는 땅에 올라오기보다는 얼음 위에 올라가기를 좋아하며, 근육 구조도 땅을 기기보다는 얼음 위를 미끄러지기 좋게 되어 있다. 크랩이터해표는 새끼를 얼음덩어리 위에서 낳기 때문에 세종기지에서는 그 광경을 관찰하기 어렵다. 주로 크릴을 먹고 사는 크랩이터해표의 이빨은 산山 자와 비슷해서 크릴을 거르기에 좋다. 입을 다물면 아래위의 이빨들은 크릴이 걸릴 일종의 그물이 된다.

위 • 얼음 위에 있는 암수 크
해표. 앞쪽 해표의 몸에 있는
두 줄은 표범해표의 이빨 자
옆 • 암수 사이가 좋은 크랩이

크랩이터해표의 미라 수십 구가 1957/58년 동남극 드라이밸리Dry Valley에 있는 한 골짜기의 해발 30~60미터 되는 곳에서 발견되었는데, 바다에서 그곳까지 올라온 이유는 잘 설명되지 않는다고 한다.

고래

제대로 보기 힘들어 • 고래는 대개 여름에 많이 볼 수 있는데, 주로 혹등고래나 밍크고래 같은 수염고래와 이빨고래인 향유고래가 있다. 그러나 고래는 사람으로부터 아주 멀리 떨어진 곳에 나타나고, 오랫동안 물 위에 머물지 않기 때문에 제대로 보기는 어렵다. 또 고래가 나타났다고 사람들이 소란(?)을 일으키면 고래는 물속으로 들어가 버린다. 고래가 물속으로 들어가는 방향을 예측해 앞쪽을 살펴보지만 저만치 멀리 헤엄쳐가는 수가 많다. 간혹 혹등고래가 바다 위로 솟아오르는 것을 보는 행운을 잡기도 한다. 혹등고래가 솟아오를 때에는 앞 지느러미가 워낙 커 쉽게 알아볼 수 있지만, 헤엄칠 때 나타나는 등지느러미만 봐서는 그 특징을 모르면 알아보기 힘들다.

1988년 겨울에는 범고래가 무리를 지어 나타났다. 이들은 (앞에서 말한) 이동하는 펭귄들이 올라서 있는 해빙 주위에 출현하여 펭귄을 공격한다는 인상을 받았으나, 실제로 공격을 하는 장면을 본 적은 없다.

남극대륙을 횡단하려다가 1915년 초 탐험선이 얼음에 갇혀 집난생존의 신화를 이룬 영국 탐험가 어네스트 섀클턴 경의 탐험 기록을 보면, 범고래는 두께 1미터의 해빙을 깨서 지름이 7.6미터나 되는 구멍을 쉽게 만들었다는 내용이 나오는데, 그런 것을 보면 범고래가 펭귄이 올라가 있는 얼음을 어렵지 않게 뚫거나 깨뜨릴 수 있었을 것이다. 그렇게 생각하면 그때는 범고래가 배가 상당히 불러 굳이 얼음을 깨어 가면서 펭귄을 공격하지 않았거나 사람들을 의 식했는지도 모른다. 우리 기지야 워낙 멀었지만 가까운 중국 기지에도 사람들이 북적거렸을 것이기 때문이다.

범고래의 소행(?) • 1995년 초 기지의 서쪽 해안으로 몸통이 반으로 잘린 동물의 사체 2개가 밀려왔다. 멀리서만 보아 머리 쪽인지 그 반대쪽인지는 모르겠으나 검은색에 가까운 진한 갈색을 띠고 있고 심한 비린내가 나는 것으로 보아 남극물개로 추정된다.[10] 남극물개 암컷의 길이가 1.3미터 정도이고 수컷은 2미터에 가까운데, 그 정도 크기를 한입에 자를 만한 동물은 범고래밖에 없다. 표범해표도 다 큰 남극물개를 잡아먹겠지만 그렇게 한입에 자르지는 못한다. 그렇다면 떼를 이루어 가던 범고래들이 남극물개를 잘라 먹고 버린 것이 기지 해안까지 밀려왔다고 생각된다.

포유동물 연구

외국에서는 • 해표를 포함한 포유동물이 남극의 생태계와 환경 연구에 중요하기 때문에 남극에 진출한 나라들은 일찍부터 남극물개와 해표를 연구했다. 실제로 미국의 남극물개학자들은 리빙스턴 섬 북쪽 해안의 케이프쉬레프Cape Shirreff에서 남극물개의 송곳니를 빼어, 그 물개가 살았던 바다의 수온과 염분 같은 환경을 연구한다(케이프쉬레프에서는 매년 8,000~9,000마리의 남극물개 새끼가 태어난다). 곧 그들은 송곳니를 잘라서 나이테를 세고 이빨을 구성하는 물질의 성분을 분석한다. 송곳니 4개 가운데 하나가 없더라도 죽지는 않겠지만, 그렇게

10. 남극물개와 크랩이터해표는 웨들해표와 사는 곳이 같고 먹이가 상당히 비슷한데, 웨들해표와 달리 비린내가 심하게 난다.

해서라도 남극을 연구하는 인간이 잔인하다는 생각이 든다.

남극에 일찍이 눈을 뜬 아르헨티나의 과학자들은 주바니 기지의 남쪽에 있는 보호구역에서 번식하는 코끼리해표의 생리를 연구한다. 봄이 시작될 무렵 새끼를 낳는 코끼리해표 어미의 초유 성분을 분석하고 어미와 새끼의 무게를 측정한다는 것은 앞에서도 이야기했다.

폴란드 과학자들은 아르토스키 기지 남쪽의 보호구역을 지나가는 남극물개를 연구한다. 매년 1월 말부터 4월 초까지 적으면 700~800마리에서 많으면 1,700마리나 되는 남극물개가 이곳에 나타난다. 이 물개들은 사우스조지아 섬에서 태어난 것으로 보이며 다른 곳으로 가면서 여기에 머문다.

칠레는 남극물개 연구에 열성을 보여 예컨대, 칠레남극연구소의 생물학자들은 30년 넘게 매년 여름 케이프쉬레프에서 남극물개의 생태를 연구해 오고 있다. 처음에는 간단한 관찰이었지만 지금은 남극물개의 질병과 생리 연구로 범위를 넓혀 가고 있다.

넬슨 섬의 웨들해표 연구를 제안해 • 우리나라는 남극 연구 초기에 해표의 생식 능력을 연구한 것 외에는 남극 포유동물을 거의 연구하지 못했다. 단지 월동연구대의 관심에 따라 아주 낮은 수준의 보고를 하는 정도다.

고래의 경우는 월동보고서에 관찰한 날짜를 기록하는 정도다. 물을 왼쪽 앞으로 비스듬하게 뿜는 고래가 향유고래이며, 앞 지느러미가 아주 크면 혹등고래라는 것을 알 뿐이다. 그러나 고래의 종에 따른 특징들을 어느 정도 알면, 종을 구분하는 것은 어렵지 않을 것이다.

남극을 제대로 연구하려면 해표를 반드시 연구해야 한다. 그 시작으로, 넬슨 섬 체코 기지 뒤쪽의 웨들해표를 연구할 것을 제안한다. 우선 그곳은 우리 기지에서 가깝고 웨들해표가 번식하는 곳이 흔하지 않기 때문이다. 연구를 하려면 사람이 기거할 은신처가 필요하다. 은신처를 지을 자재는 칠레 기지에 있는 중형 헬리콥터를 이용해 운반하면 된다. 헬리콥터의 소음이 해표들에게는 큰 소음이 될 것이므로 웨들해표가 다 떠난 뒤에 자재를 운반해야 하는데, 해표가 오기 전인 7~8월이 가장 좋은 때라고 생각된다. 부근에 체코 사람이 만든 허술한 은신처가 있으나 그들은 여름에도 기지로 거의 오지 않기 때문에 우리가 그들의 연구를 방해하지는 않을 것이다. 그들과 함께 연구하는 것도 한 방법이다.

우리나라에서 포유동물을 연구하는 사람은 많지 않은데, 게다가 남극 포유동물을 연구하는 사람은 더 찾아보기 힘들다. 그렇더라도 남극 생태계와 환경의 주요한 구성물 가운데 하나인 해표와 고래에 대한 연구를 소홀히 해서는 안 된다.

얕은 해저의 생물

큰띠조개

살아남으려고 • 길이 8센티미터에 폭 4센티미터 정도의 넓적한 큰띠조개는 연체동물인 이매패二枚貝의 일종으로 남극의 깊지 않은 바다에 아주 많다. 파란색이 감도는 회색 껍데기 밖으로 나와 있는 연한 살은 누런색에 주름이 잡혀 있으며 구멍 주위는 펴렇다. 수조에 풀어놓은 큰띠조개는 자기 껍데기 길이보다 크게 누런 살을 내어 놓기도 한다. 큰띠조개가 속한 띠조개 과科의 조개들은 껍데기가 아주 얇고 약하며 껍데기 뒷부분이 완전히 닫히지 않아 물을 빨아들이는 구멍과 내뿜는 구멍이 바깥으로 노출되어 있는 것이 특징이다.

큰띠조개는 주로 바다 밑의 규조 같은 식물이나 물에 떠 있는 유기물을 아

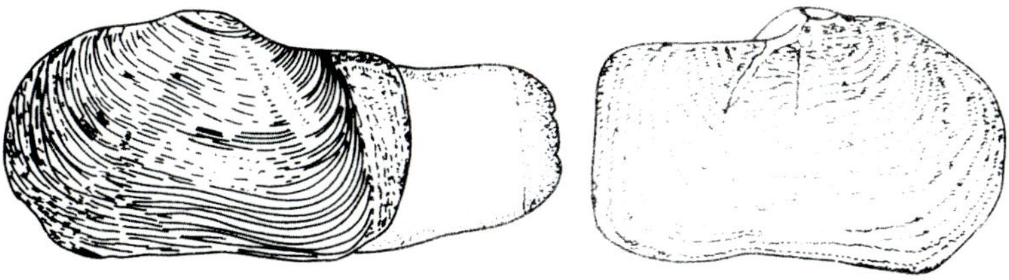

큰띠조개 (극지연구소 안인영, 1994)

가미로 걸러서 먹은 다음 배설한다. 큰띠조개는 물을 빨아들이는 구멍과 내뿜는 구멍을 바닥에 내어놓은 채, 흙 속으로 보통 50센티미터 넘게 파고 들어가서 산다. 이런 습성은 바닥을 긁는 빙하와 불가사리나 등각류 같은 천적을 피하기 위한 방법으로 보인다.

큰띠조개는 여름에서 겨울로 바뀌는 환절기인 3월 초순부터 초겨울에 해당되는 5월 중순에 알을 낳는 것으로 알려져 있다. 부화된 알은 난황卵黃을 먹고 살면서 4월 하순부터 5월에 걸쳐 바닥에 정착한다. 반면 온대지방의 바다에 많은 굴과 홍합은 늦은 봄부터 여름에 걸쳐 알을 낳는다.

조개의 나이와 껍데기 크기가 비례한다는 사실을 바탕으로 한 연구에 따르면, 조개껍데기의 길이가 5센티미터, 8센티미터, 10센티미터인 큰띠조개는 각각 5년, 8년 반, 11년 된 것으로 보인다. 남극에 있는 다른 조개에 견주면 큰띠조개의 성장은 아주 빠른 것이다. 예컨대, 작은 조개 욜디아*Yoldia*는 9년생이 2센티미터도 되지 않고, 영국 부근의 바다에서 사라는 소개도 9년생이 2센티미터를 조금 넘는 정도다. 그렇다면 큰띠조개는 남극의 찬 바닷물 속에서도 아주 빨리 자라는 셈이다.

기지 주변에 아주 많아 • 잠수부들이 1992년 1월에 관찰한 결과를 정리한 것을 보면 마리안 소만의 깊이 13~17미터의 해저에는 1제곱미터당 평균 65개,

주로 도미니카갈매기와 남극대구의 먹이가 되는 삿갓조개

4.8킬로그램의 조개가 있었다. 또 수심 20~30미터에서도 상당히 많은 조개가 관찰되었다. 1992/93년 여름 기지에서 좀 떨어진 콜린스 포구의 수심 25~30미터의 해저에는 1제곱미터에 평균 86개, 9.0킬로그램의 조개가 있어서 마리안 소만의 거의 2배에 이른다. 이는 미국 파머Palmer 기지 부근이나 사우스오크니South Orkney 군도의 시그니Signy 섬, 남극반도 서쪽의 두머Doumer 섬의 사우스South 만보다 훨씬 많은 것이다. 콜린스 포구에는 조개의 숫자도 많고 무게도 큰 반면, 조개의 무게가 가장 큰 사우스 만이 1제곱미터에 2.6킬로그램밖에 되지 않기 때문이다. 이런 차이는 관찰한 시기, 천적, 환경, 퇴적물, 생장하는 식물, 바람, 빙산, 위도, 육상과 해저 지형, 해류와 해수를 포함한 여러 인자가 복합된 결과라 생각된다.

실험실에서 키운 큰띠조개는 온대 바다에 많은 홍합만큼이나 배설량이 많다. 큰띠조개는 규조를 주로 먹는다. 한편 2005/06년 여름 세종기지의 부두 옆 조간대에 잠긴 강철 빔에는 삿갓조개가 아주 많이 붙어 있었는데, 빔을 건져내어 붙어 있던 조개들을 뜯어낸 다음 바다로 돌려보냈다. 크기 1~2센티미터 정도의 타원형인 삿갓조개의 껍데기가 도미니카갈매기의 둥지 부근에 많아서 그 새들의 먹이가 되는 것으로 추정할 수 있다. 제1차 월동을 했던 1988년 어느 봄날 우리는 호기심에 삿갓조개로 된장국을 끓여 먹었는데, 조개의 특별한 맛은 기억에 없다(2001년 넬슨 섬 체코 기지에서 혼자 월동했던 체코 젊은이는 삿갓조개를 초에 절여 먹었다).

기지 부근의 해저에는 성게와 불가사리 같은 극피동물과 등각류等脚類와 옆새우 같은 갑각동물이 서식한다.

남극대구

사람 무서운 줄 몰라 • 기지 부근의 해저에는 남극대구[11] 같은 물고기가 서식한다. 수심 10미터 정도의 물풀이 있는 바닥에서 서식하는 것으로 알려진 남극대구는 썰물에 달아나지 못해 조간대의 바위틈에 갇히는 수도 있다. 세종기지에서 남극대구는 낚시나 그물로 어렵지 않게 잡을 수 있다. 낚시는 산 채로 잡을 수 있고 숫자를 조절할 수 있다는 장점이 있는데, 쇠고기나 돼지고기를 미끼로 해서 남극대구를 쉽게 잡을 수 있다. 경험으로 보면, 밀물에서 썰물로 바뀔 때 많이 잡혔다. 반면에 그물로는 고기를 많이 잡을 수 있지만 바다가 고요해야 하고, 물고기가 죽는 경우가 많으며, 바람이 세면 그물을 잃어버리기도 한다.

11. 남극대구는 우리나라의 바닷물고기 대구와는 생물학 측면에서는 아무런 관계가 없다. 그러나 영어로 남극대구Antarctic cod라고 불러, 우리도 그렇게 부른다.

기지 남쪽에 있는 펭귄 군서지의 해안. 멀리 가운데 보이는 암초 부근에서 남극대구를 많이 잡았다.

잡은 남극대구는 길이와 무게를 재고 필요한 부분을 잘라내어 보관한다. 예컨대, 먼저 비늘을 벗기고 이석耳石을 도려내었다. 물고기의 이석은 하얗고 단단한 뼈로, 물고기가 헤엄칠 때 평형을 잡아 주고 물고기가 살았던 환경에 따라 성분이 달라지기 때문에 물고기의 나이와 서식 환경을 보여 주는 중요한 기관이다.

1990/91년 월동 때 물고기를 열다섯 번 채집했는데, 1991년 3월 24일 펭귄 군서지 부근에 그물을 사흘 동안 쳐 놓았다가 104마리를 잡은 것이 가장 많이 잡은 것이다. 5월 1일에 그물로 잡은 48마리 가운데 47마리의 이석을 채집해 나이테를 세었다. 그 결과를 보면 5~8년생이 39마리(83퍼센트)였으며

평균 7.3년이었다. 가장 큰 것은 46.0센티미터에 1,560그램이었으며, 43.0센티미터에 1,200그램, 40.5센티미터에 1,400그램, 40.0센티미터에 1,009그램이었다. 이들은 모두 암컷으로, 암컷이 수컷보다 크고 무겁다.

바다가 언 다음에는 기지 앞에서 6월 26일부터 8월 21일까지 낚시로 매번 1~4마리밖에 못 잡았는데, 이는 남극대구의 습성을 몰라 깊은 곳에서 낚시를 했기 때문이다. 그러나 기지 서쪽 얼어붙은 얕은 바다로 옮겨 낚시를 한 8월 29일 오전 9시 반부터 12시까지 무려 150마리나 잡았다. 나중에는 담을 자루가 없어 그만두었을 정도였다. 이날 잡은 남극대구 중에서 표본으로 쓴 39마리 가운데 가장 큰 것은 길이 37.9센티미터에 890그램 나가는 암컷이었다. 그 외는 대부분이 크기가 작아서 30센티미터에 못 미치고 400그램이 되지 않았는데, 겨울에 잡히는 남극대구가 여름에 잡히는 것보다 작았다.

한겨울에는 기온이 워낙 낮아서 낚시에 걸린 물고기를 물 바깥으로 건져 올리자마자 하얗게 언다. 또 남극대구를 잡아 올리면 갈매기들이 덤벼드는데, 그러다가 운이 나쁜 갈매기는 낚싯줄에 얽히기도 한다. 그렇게 잡힌 갈매기는 지금 극지연구소에 전시되어 있다.

여름에 큰 것이 잡혀 • 1994/95년에도 남극대구를 잡아서 조사했다. 이때 중금속의 오염 정도를 알기 위하여 암수의 생식소生殖巢와 간과 위장을 도려내어 무게를 잰 다음 각각 특수용액과 방부제로 보존했다. 기지에서 조사한 결과를 보면 남극대구는 24~44센티미터에 200~1,300그램에 이르며, 암컷이 수컷보다 크고 무거웠다. 여름에 관찰한 대구는 대략 40센티미터에 이르고 겨울에 관찰한 대구는 26~36센티미터 정도였다(겨울에 잡힌 남극대구가 더 작다는 점은 1990/91년의 결과와 마찬가지였다). 겨울에 작은 남극대구가 잡히는 이유가 무엇인가 하는 의문을 갖게 한다.

생식소의 무게는 물고기 무게의 1퍼센트 미만부터 4퍼센트에 달하는데, 이 비율은 여름에서 겨울로 가면서 줄어들었다. 간의 무게는 물고기 무게의 1~4퍼센트 정도가 되었으며, 암컷의 간 비율이 수컷보다 약간 높았다. 이 비율도 여름에서 겨울로 가면서 줄어들었다. 여름에 간과 생식소의 비율이 높은 현상은 남극대구가 주로 여름에 알을 낳기 때문이라고 생각되지만, 남극대구의 알을 본 적은 없다. 남극대구는 크릴과 삿갓조개를 먹기도 하며, 위장에서 해초 조각도 보이지만 이는 먹은 것이 아니라 어쩌다 들어간 것으로 보인다. 한편 기지 부근에서는 빙어氷魚를 포함하여 남극대구가 아닌 물고기도 가끔 채집한 적이 있지만, 이에 대한 기록은 거의 없는 실정이다.

다른 동물과 마찬가지로 남극대구에도 기생충이 있다. 기생충은 주로 남극대구의 간에서 발견되었으며 길이는 2~5센티미터였다. 3월과 4월에 관찰된 대구의 40퍼센트, 그 외의 시기에서는 50~60퍼센트에서 기생충이 발견되었다.

진드기

동물인 줄 몰랐어

남극에는 진드기가 약 70종이 있으며, 남위 85도에서도 사는 진드기가 있다. 진드기는 대단히 작고 단순한 형태로 되어 있지만 생명력은 아주 강하다. 실제로 워낙 작기 때문에 주의해서 보지 않으면 진드기가 있는지 모른다. 예를 들면, 1991년 여름 진드기를 발견했을 때도 우연히 발견했다. 곧 주워 놓은 고래 뼈에 크기가 1밀리미터 정도의 검은 지의류로 보이는 알맹이가 지름 수 센티미터 크기로 뭉쳐 있고, 뼈가 풍화된 틈에도 점점이 박혀 있었다. 처음에

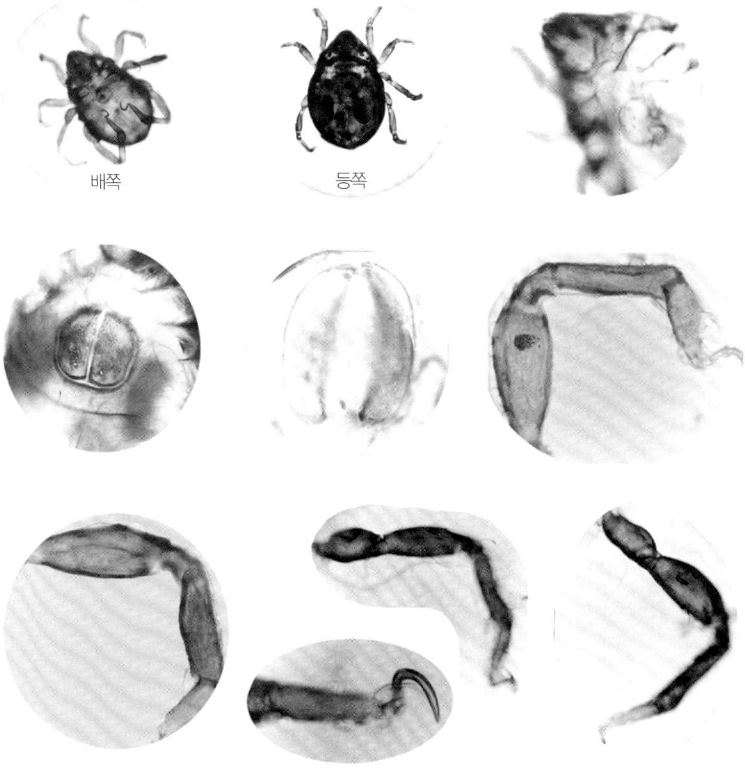

고래 뼈에서 발견한 진드기와 다리(제4차 월동연구대 보고서, 심문보, 1992)

는 지의류로 생각해 무심히 넘겼는데, 검은 알갱이들이 바닥에 떨어져 움직이는 것이 아닌가. 확대경으로 자세히 보니 놀랍게도 다리가 8개 달린 작은 동물이었다.

고래의 뼈에 있는 남극 진드기를 1990/91년 월동했던 생물연구원이 월동보고서에 기재했던 것이 우리나라 학자가 이들에 관심을 표했던 유일한 경우다. 그는 현미경으로 진드기를 들여다보고 일일이 길이를 재고 사진을 찍어 두었다. 또 외국 논문과 보고서를 찾아보고 비슷한 모양과 특징을 가진 진드기를 찾아 그 진드기를 남극알라스코제테스Alaskozetes antarcticus로 추정했다. 1991년 말 관광선 프런티어 스피릿Frontier Spirit 호를 타고 기지를 찾아왔던 관광객으로부터 이 계통의 진드기가 천식을 일으킬 확률이 1,000분의 1이라는 말을 듣기도 했다.

1밀리미터가 조금 넘는 진드기를 포함하여 흙 속이나 이끼의 뿌리, 동물의 뼈에는 크기 0.2~1.0밀리미터 정도의 톡토기가 있다. −35°C에서도 살 수 있는 톡토기는 날개가 없고 발이 보이지 않아서 처음에는 곤충으로 생각하기 어렵다. 그러나 빨리 기어 다니는 것을 보아 다리가 있다는 것을 알 수 있으며, 현미경으로 보면 몸 아래에 6개의 다리가 있다. 톡토기는 식물을 먹고 살며 진드기의 먹이가 된다.

특별한 방법을 써

톡토기는 스웨덴 곤충학자 앨버트 툴그렌Albert Tullgren(1874~1958)이 고안한 방법으로 쉽게 채집할 수 있다. '툴그렌 열熱추출기'는 흙 속에 있는 곤충이나 벌레가 밝고 따뜻하고 건조한 것을 싫어하는 습성을 이용한 것으로, 흙이나 뿌리 속에 있는 아주 작은 벌레를 쉽게 잡을 수 있는 아주 좋은 방법이다. 먼저 이끼의 뿌리를 위로 한 다음(곧 이끼를 거꾸로 한 다음) 위에서 백열등을 켜서 뿌리를 데운다. 한편 이끼의 아래에는 깔때기를 받쳐놓아, 열과 빛을 피해 달아나다가 아래로 떨어지는 톡토기를 채집병으로 미끄러져 들어가게 한다. 채집병에는 70퍼센트의 에틸알코올이 있어 이들을 보존한다.

이 방법은 1993년 1월부터 2월에 걸쳤던 영국·이탈리아·우리나라가 합동 검열을 할 당시 검열했던 영국 로드라Rothera 기지에서 배웠다. 당시 그 기지에서 연구하던 영국남극연구소 소속의 곤충학자 윌리엄 블록William Block

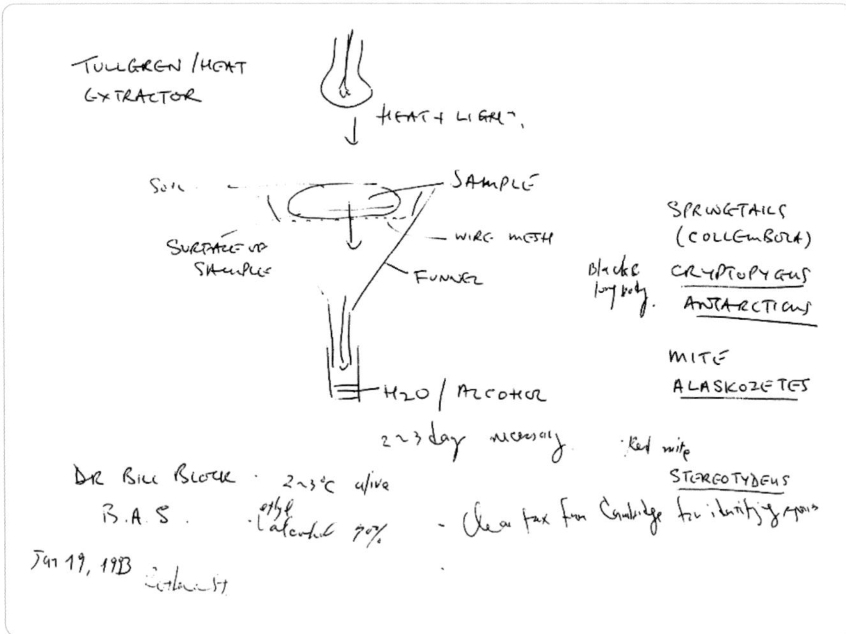

영국남극연구소 윌리엄 블록 박사가 1993년 1월 19일 로드라 기지에서 그린 곤충채집장치

박사로부터 설명을 듣고 그림을 그려 받았던 기억을 되살려, 1995년 월동할 때 이 장치를 만들었다(블록 박사는 교수 출신으로 연구하고 강의하는 것이 너무 힘들어, 영국남극연구소로 옮겼으며 연구소 생활에 만족한다고 말했다). 1995년에 월동을 할 때 이 방법으로 톡토기와 빨간 작은 벌레들을 모았으나 무슨 이유에서인지 연구소로 가져오지는 못했다.

2008/09년 여름에는 막대기와 에틸알코올로 진드기와 톡토기를 잡았다. 곧 코끼리해표의 뼈에 붙어 있는 진드기를 가는 막대기로 살살 떼어내어 하얀 종이 위에 떨어뜨린 다음 기어 다니는 진드기를 에틸알코올을 묻힌 가는 막대기로 묻혀 올렸다. 진드기가 막대기 끝을 움켜잡아 잘 떨어지지 않는 수도 있으나 대개는 70퍼센트의 에틸알코올 속으로 쉽게 빠졌다. 알코올 속에 가라

앉은 진드기는 몇 초 동안 기어 다니거나 움직여 생명력이 상당히 강하다는 것을 보여 주었다.

주로 펭귄의 뼈에 붙어 있는 톡토기는 에틸알코올을 묻힌 막대기를 살짝 대어 알코올이 흘러내리게 하는 이른바 에틸알코올 폭탄을 떨어뜨려 잡았다. 톡토기는 가끔 자기 몸길이의 몇 배나 튀어 올라 폭탄을 피했으나 어렵지 않게 잡을 수 있었다. 에틸알코올 속에 담근 톡토기는 가벼워서인지 가라앉지 않고 뭉쳐서 표본병 가운데를 떠다녔다. 어느 세월에 한 마리씩 잡느냐고 생각할 수 있지만, 시간이 가면서 진드기와 톡토기가 모이기 시작해, 병의 바닥이 곧 새까맣게 되었고 그도 모자라 병 안에 두껍게 쌓였다.

덧붙이면, 위에서 말한 블록 박사는 남극에서 흔히 발견되는 몸이 검고 긴 벌레는 남극크립토피구스*Cryptopygus antarticus*라고 말했다. 진드기의 속屬은 알라스코제테스*Alaskozetes*다(이를 볼 때 218페이지에서 보듯이 제4차 월동연구대 심문보 씨가 고래뼈에 있는 진드기를 남극알라스코제테스로 추정한 것은 옳다고 생각된다). 빨간색의 작은 벌레는 스테레오티데우스*Stereotydeus*속에 속한다.

블록 박사는 1993년 1월 19일 영국 캠브리지에 있는 스콧극지연구소Scott Polar Research Institute에서 보낸 팩스로 진드기를 감정했다. 놀라운 것은 전파를 타고 1만 킬로미터 이상을 날아온 그 팩스가 대단히 선명했다는 점이다. 진드기의 아주 작은 다리 하나하나와 다리의 가는 털들과 특징을 분명히 알아볼 수 있었다. 그 팩스를 보면서 "역시 영국이구나!" 하는 생각을 했다. 그 정도로 선명한 팩스라면 굳이 무거운 책을 남극까지 가지고 오지 않아도 될 것이다.

지구가 더워지면서

남극반도는

지구가 더워지는 현상은 남극반도에서 더욱 뚜렷하게 나타난다. 남극반도의 평균얼음분포는 지난 26년 동안 40퍼센트나 줄어들었고, 해면 수온은 1955년부터 1998년까지 1°C 이상 높아졌으며, 염분도 높아졌다. 해빙이 형성되는 시기가 짧아지고 해빙 면적이 줄어들면서 해수의 온도와 염분농도가 높아져 다시 해빙이 줄어들고 온난 현상은 계속된다. 나아가 남극반도의 서쪽은 7월 평균기온이 1951년 이후 6.3°C나 높아졌다. 이는 지구 전체에서 가장 많이 상승한 수치다. 남극반도 서쪽의 연평균기온은 1955년 이후 거의 3°C나 높아져, 지구 전체 상승량의 거의 10배에 이른다. 전문가의 말로는 기온이 산업혁명 이전보다 2°C만 높아져도 위험하다고 한다. 파머 기지와 남극반도의 서쪽은 50년 만에 3°C나 올라갔는데, 그 과정은 아직도 밝혀지지 않았다.

남극반도의 동쪽은 서쪽보다 기온이 더 낮고 더 건조하기 때문에 꽃 피는 식물 2종은 적어도 지난 1만 년 동안 남극반도의 동쪽에서는 생장하지 못했다. 나아가 남극반도의 북쪽은 빠르게 더워졌고 풍계風系도 바뀌었다. 남극반도를 가로지르는 서풍이 여름에 현저히 강해졌으며, 드디어 라르센-B 빙붕이 부서졌다. 1960년대 중반 이후 기온이 2°C 이상 올라갔다. 남극반도의 서쪽과 북쪽이 더워지는 현상은 가을에 남극대륙 상공에서 오존이 줄어들고 온실가스가 증가해 성층권의 온도가 낮아져 풍계가 바뀌었기 때문이라는 연구가 최근에 발표되었다.

식물들은

남극반도 일대에서는 지구가 더워지는 현상이 빨리 그리고 뚜렷하게 나타남에 따라 식물들의 종과 숫자가 변하고 생장하는 장소가 달라진다. 먼저, 꽃 피는 식물인 남극좀새풀과 남극개미자리의 생장은 왕성해지고 생장 지역은 더 넓어질 것이다. 이 식물들은 남아메리카에서 생장하는데, 남극반도 일대가 점점 따뜻해지면 남극에서 점점 번성할 것이다. 지의류와 이끼는 스트레스를 견디면서 현재의 상태를 유지할 것이라는 게 식물학자의 의견이다. 그러나 일부 민감한 식물들은 변화를 보일 것이다.

지금까지는 남극에 전파된 아남극의 식물들이 결국 사라졌지만, 앞으로는 아남극에서 자라는 식물들이 유입되어 생장할 것으로 보인다. 실제로 2001년 폴란드 기지를 찾아갔을 때 최근에 아남극 식물이 킹조지 섬에 정착했다는 말을 기지대장으로부터 들은 적이 있다. 폴란드 기지에서 발견한 아남극 식물은 벼과 식물의 일종인 포아풀이다. 또 앞에서 말한 대로, 중국 기지 부근에서도 석죽과 식물이 생장한다.

남아메리카나 남아프리카, 아남극에서 생장하는 식물들의 포자胞子는 관광선이나 물자운반선, 생물을 통해서 남극으로 전파될 가능성이 있고 앞으로 그런 가능성은 점점 커질 것이다.

동물들은

남극에 있는 동물들 가운데 더 추운 남쪽을 좋아하는 동물들이 있고 그렇지 않은 동물들이 있다. 예컨대, 황제펭귄과 아델리펭귄, 웨들해표는 추운 남쪽을 좋아하는 반면에, 젠투펭귄과 턱끈펭귄, 남극물개와 코끼리해표는 덜 추운 북쪽을 좋아한다. 남극물개는 기온이 좀 낮아져야 기지 부근에 나타난다(그렇다고 남극물개가 남쪽 추운 곳에 살지는 않는다). 남극물개는 지난 세기 후반까지도 사우스셰틀랜드 군도의 남해안에서 새끼를 낳았으나 지금은 리빙스턴 섬의 북쪽 가운데인 케이프쉬레프에서만 새끼를 낳는다.

북쪽과 남쪽을 좋아하는 동물들의 경계선은 2002년 초에는 적어도 앙베르Anvers 섬에 있는 미국 파머 기지를 지나 남쪽으로 내려갔다는 것이 미국 조류 전문가의 견해다. 그에 따라 남극반도 북쪽에서 아델리펭귄은 사라지고 젠투펭귄과 턱끈펭귄이 늘어나고 있다.

실제로 남극의 겨울을 해빙 위에서 보내는 아델리펭귄은 최근 지구가 더워지면서 남극반도 일대의 바다가 덜 얼게 되어 눈에 띄게 줄어든다는 것이 조류 학자들의 한결같은 의견이다. 그러므로 아르헨티나 주바니 기지의 남쪽인 포터 반도 남쪽 해안(이곳이 세종기지에서 가장 가까운 아델리펭귄의 군서지다)에서 번식하는 아델리펭귄도 줄어들 것으로 보인다. 반면에 턱끈펭귄은 겨울에도 물속에서 살면서 개체수가 어느 정도 늘어났고 젠투펭귄은 크게 늘어났다.

황제펭귄은 앞에서 말한 것처럼 남극반도 부근에서는 곧 사라질 것으로 보인다. 더 남쪽에 황제펭귄이 서식할 만한 곳이 있으면 남쪽으로 가겠지만 그렇지 않다면 조만간 적어도 남극반도의 서쪽에서는 떠날 것으로 보인다. 반면에 임금펭귄이 기지에 나타나고 유럽참새가 펭귄 군서지에 나타난 것은 북쪽에서 사는 새가 남쪽으로 내려오는 현상이라고 보면 된다. 시간이 가면서 온난 현상이 계속되면 북쪽에서 사는 새들이 남쪽에 점점 많이 나타날 것이다.

외국 학자의 연구를 보면, 기지 부근에서 연중 볼 수 있는 남방큰풀마갈매기는 칠레의 푸에르토몬트Puerto Montt, 곧 남위 42도 정도까지 올라간다. 또 이 새가 뱉어내는 둥근 덩어리에는 칠레 남쪽 지방에서 생장하는 너도밤나무의 잎이 많기 때문에 그 지방의 식물씨가 전파될 가능성도 있다. 남방큰풀마갈매기에는 남쪽 아종과 북쪽 아종이 있는데, 위에서 말한 출현은 남쪽 아종의 출현이다(이 두 아종을 같은 종으로 보는 학자도 있고, 다른 종으로 보는 학자도 있다).

웨들해표가 남쪽에서 살므로 넬슨 섬이 웨들해표가 새끼를 낳는 북쪽 한계 지역일 수 있다. 그렇게 생각하면 넬슨 섬에서 새끼를 낳는 웨들해표도 시간이 가면서 더 남쪽에서 새끼를 낳으면서 줄어들 것으로 생각된다. 나아가 남극물개와 코끼리해표의 번식지는 북쪽에서 남쪽으로 내려올 가능성이 있다. 주로 해빙 위에서 살아가는 크랩이터해표와 표범해표는 해빙이 줄어들면서 그 영향으로 아델리펭귄과 마찬가지로 줄어들 것으로 보인다.

물론 이런 큰 동물들도 지구가 더워지는 현상의 영향을 받겠지만, 남극대구나 삿갓조개, 큰띠조개와 진드기를 포함해, 물이나 흙 속에 있는 모든 크고 작은 동물들도 영향을 받는다.

2008/09년 여름은

동물이 없어

우리나라의 제22차 남극과학연구단의 하계연구가 진행된 2008년 12월 초부터 2009년 1월 중순까지 세종기지 일대의 자연에서 가장 뚜렷한 현상은 새가 눈에 띄게 줄어들었다는 점이다. 도둑갈매기를 비롯해 펭귄과 남극제비갈매기가 분명히 크게 줄었다. 예컨대, 기지 부근 자연 늪 일대에는 도둑갈매기가 많으면 100마리가 넘게 모여들었으나 30~40마리밖에 되지 않았으며 알도 거의 낳지 않았다. 예년이라면 알이 있는 도둑갈매기의 둥지를 발견하기 어렵지 않았겠지만, 2008년 12월에는 둥지가 30개 정도에 알은 10개도 되지 않았다고 한다.

남극제비갈매기도 아주 적었다. 예컨대, 기지에서 남쪽 해안을 따라 바튼반도에서 땅이 노출된 마지막 부근에는 예년 같으면 수백 마리의 남극제비갈매기로 하늘이 어두워지고 사람들의 목소리가 잘 들리지 않을 정도였다. 또 수백 마리의 남극제비갈매기들이 단합해 재재거리면서 도둑갈매기를 몰아내는 위세도 볼 수 있었으나 올해는 거의 보이지 않았다. 기지 남쪽 펭귄 군서지의 펭귄 수도 현저히 줄어들어서 펭귄들이 둥지를 틀었던 여러 곳과 바

기지 부근에서 날아오르는 도둑갈매기

황혼을 뒤로 하고 날아오르는 남극제비갈매기(제19차 월동연구대 조환성)

닷가 부근도 비어 있었다. 그 밖에도 옛날 같으면 세종곶에서 자주 보였을 웨들해표나 기지 남쪽 바튼 반도 남해안의 코끼리해표도 그 수가 줄은 듯했다. 단지 좀 추워져야 많이 나타나는 남극물개는 그렇게 춥지 않았던 2009년 1월 중순 20마리 가깝게 나타나서 의아한 생각이 들었다. 2001년 10월 중순에는 100마리가 넘는 표범해표가 마리안 소만의 얼음덩어리 위에서 잠을 잤으나 2008/09년 여름에는 10마리도 안 되었다.

수가 줄지 않은 동물로는 도미니카갈매기를 꼽을 수 있다. 실제로 바튼 반도 남쪽에서 땅이 노출된 마지막 지역인 빙퇴석氷堆石으로 덮인 곳에서는 줄잡아 100마리가 넘는 도미니카갈매기가 끼룩거리면서 사람이 가까이 오는 것을 막았다. 2008년 12월 하순에는 대부분의 둥지에서는 새끼들이 부화하여 어미 갈매기들은 새끼들을 흩어놓기에 바빴다. 다른 새와 해표는 줄어드는데 그렇게 많은 갈매기들이 새끼를 부화하여 모여 있는 것이 신기하게 보일 정도였다.

먹이가 부족해(?)

남빙양의 생태계에서 가장 중요한 크릴이 1~3월에 낳은 알은 대륙붕 바닥이나 500~700미터 또는 2,000미터 깊은 바다로 가라앉아 부화된다. 부화된 크릴의 유생幼生은 떠오르면서 천천히 탈피한다. 작은 크릴 새끼는 2년 동안 크릴의 먹이인 얼음조류가 있는 해빙 아래에서 살기 때문에 해빙은 크릴의 성장과 생존, 나아가 번성에 절대 중요하다. 새끼 크릴은 3년째부터 성장하며 수명은 5~7년이다. 크릴의 번성은 남극에서 살아가는 거의 모든 동물들에게 대단히 중요하다. 한편 얼음조류가 크릴의 먹이가 되므로 "바다가 얼면 크릴이 많아지고 크릴을 잡는 배는 얼음에 가까이 붙는다"고 1980년대에 크릴을 잡

기지 남쪽 해안 바위 위에 모여 있는 삿갓조개의 껍데기들

았던 사람이 했던 말은 옳다.

기지 부근에 있는 동물의 수는 크릴을 포함해 먹이의 양과 절대관계가 있다. 그렇게 생각하면 2008/09년 여름 기지 부근에 동물들이 눈에 띄게 줄었다는 것은 그 부근 바다에 먹이가 뚜렷이 적어졌기 때문이라고 볼 수 있다. 예를 들면, 남극반도 일대의 바다가 덜 얼어 크릴이 줄어들면 크릴을 먹고 사는 물고기와 새와 동물도 줄어들 것이다. 그러나 삿갓조개를 주로 먹는 갈매기는 삿갓조개만 충분하다면 그렇게 줄어들지는 않을 것이다. 삿갓조개는 작은 플랑크톤과 바위 표면에 생기는 해조류海藻類를 갉아먹고 산다. 물론 그 해조류의 성쇠는 바닷물에 녹아 있는 영양염류와 태양과 관련이 있을 것이다. 갈매기가 조

간대 바위틈에 갇힌 남극대구를 잡아먹을 수도 있지만 흔한 일은 아니다.

2009년 3월 중순에 지난 30년 동안 남극반도의 기온이 오르면서 서부 남극반도 북쪽의 찬 바다에서 사는 식물플랑크톤이 12퍼센트 적어졌다는 발표가 있었다. 지구가 더워지면서 바람이 변하고 구름이 늘어나면서 식물플랑크톤이 생장에 필요한 햇빛을 제대로 받지 못했기 때문이다. 식물플랑크톤이 먹이사슬의 기본이라고 생각하면 이는 그냥 지나칠 일이 아니다.

나아가 동물의 분포에는 서식처가 중요하다. 그러므로 서부 남극반도의 북쪽에 있는 아델리펭귄이 급격히 줄었다는 것은, 앞에서 말한 대로, 먹이보다는 펭귄이 살 장소인 바다가 겨울 동안 덜 얼었기 때문이라고 볼 수도 있다. 바다가 덜 얼면 얼음조류가 적어질 것이고, 펭귄의 먹이인 크릴도 줄어들기 때문에 서식처와 함께 먹이도 개체수 변동의 중요한 요인이 된다.

킹조지 섬 일대도 이러한 영향에서 벗어나지 못할 것이다. 나아가 지구가 더 빨리 더워져 식물플랑크톤이 더 빨리 줄어든다면 아주 큰일이다. 바다의 현상과 생물의 발달은 기복이 있고 순환한다고 생각하면, 2008/09년 여름 남극 세종기지 부근의 동물들이 줄어든 것이 일시 현상이어서 크게 걱정할 일이 아니라고 볼 수도 있다. 그러나 대자연은 워낙 오묘해 그렇게 간단하고 단순하게 생각해서는 안 된다. 게다가 지구가 더워지는 것은 분명한 사실이고 그 원인이 인간의 활동이라는 것이 밝혀진 만큼 인간의 책임은 아주 크다고 할 수 있다.

우리나라가 남극을 연구하면서 남극의 새와 물개에 대한 연구를 소홀히 했다. 여기에는 우리나라에 전문가가 없다는 이유가 있었지만, 적지 않은 인건비를 연구비에서 해결해야 하는 '과제 위주 제도PBS' 같은 연구 제도도 큰 이유 가운데 하나다. 그렇더라도 이제부터는 남극을 제대로 연구해야 할 것이다.

제 4 장

기지와 사람의 활동

세종기지가 있는 킹조지 섬은 남극으로는 아주 북쪽에 있고 얼음의 장애가 적어 남극 가운데 가장 먼저 발견되었던 곳 가운데 하나다. 또 여러 나라의 상주기지와 하계기지, 그리고 하계기지나 다름없는 실험실과 은신처가 있고 칠레 기지에는 활주로가 있어서 여름에는 연구원과 관광객을 비롯하여 많은 사람들이 찾아온다.

우리 기지는

사람의 활동

우리 기지의 활동은 크게 남극 연구와 기지 유지, 방문객 맞이로 나눌 수 있다. 남극 연구란 하계연구대와 월동연구대의 활동을 말하는데, 하계연구대는 남반구의 여름인 11월경 기지로 와서 연구 재료를 수집하고 기록하며 대개 그 다음해 3월이 되기 전에 기지를 떠나 귀국한다. 하계연구대는 초기에는 규모가 작아 10명 정도였으나 지금은 거의 100명에 이른다. 반면에 월동연구대는 1월경 기지에 도착해서 겨울을 넘기고 다음해 1월 기지를 떠난다. 월동연구대의 큰 임무는 하계 연구를 지원하며 기지를 관리해 정상으로 유지하는 것인데, 과거에는 12명이었던 적도 있었으나 지금은 18명이다.

기지의 운영 상태를 둘러보거나 취재 목적으로 여름에 취재진과 함께 10명 안팎의 공무원이 기지를 찾아오는데, 방문객들은 대개 하루 이틀 정도 기지에 머문다. 때로는 학생과 교사로 구성된 체험단도 기지를 찾아오고, 여름에는 외국 손님이 기지를 찾아오며, 칠레 인부들이 기지를 보수하거나 주방에서 일을 한다.

1990/91년 기지의 난방 방식을 전기난방으로 바꾸면서 발전동과 창고를

지었는데, 그때는 40명 가까운 기술자들이 기지에 머물렀다. 또 2007년 말부터 2009년 상반기까지 2년에 걸쳐 기지를 증축했을 때는 건설 인력이 40명 이상 되었으나 이런 일은 자주 있는 일은 아니다.

1999년 2월부터 기지에 인터넷이 개통되어 우리나라의 소식을 빨리 알 수 있고 전화요금도 아주 적게 든다. 또 전파 수신 시설이 좋아져 YTN, 아리랑, KBS아메리카의 TV 채널도 실시간으로 시청할 수 있다. 반면에 우리나라에서 1만 7,240킬로미터 떨어져 있다는 고립감이나 기지를 지킨다는 사명감이 사라져서 인터넷이 반드시 좋은 것만 아니라는 생각도 든다.

월동 생활은 가족에게는 미안하지만 장점도 많다. 예컨대, 공기가 좋고 조용하며, 시도 때도 없이 울리는 전화도 찾아오는 사람도 없다. 뿐만 아니라 모기·파리·바퀴벌레 같은 해충이나 뱀 또는 쥐도 없고, 문만 열면 바다나 눈이 덮인 언덕과 산 같은 대자연과 마주할 수 있으며, 출퇴근에 시간이 들지 않아서 일에 집중할 수 있다. 그래서 기지의 1년은 문명세계의 3년에 해당한다는 생각이 든다.

가족과 오래 사귄 친구도 없고, 사는 것과 먹는 것을 포함하여 모든 것이 충분하지 않고, 움직이는 것도 제약받는 남극에서 생활해도 생각과는 달리 몸이

위 • 2009년 겨울 세종기지의
경(극지연구소 진영근)

옆 • 1991년 1월 화물선에서 세
지의 발전기를 하역한 러시아
의 수륙양용차(극지연구소 최둔

건강해진다. 월동한 사람이 병원에 덜 간다는 것은 오랫동안 남극을 연구해 온 미국의 연구에서 밝혀진 사실이다. 미국 심리학자는 이런 현상을 "인간을 죽이지 않는 것은 인간을 강하게 만든다"는 독일 철학자 프리드리히 니체 Friedrich Wilhelm Nietzsche(1844~1900)의 말로 설명했다. 그러나 그보다는 공기가 좋은 대자연에서 생활하면서 심신이 안정돼, 몸과 정신이 아주 건강해지기 때문일 것이다.

식품

극지연구소에서는 2009년 중반, 제23차 월동연구대(대장 강성호 박사) 18명과 100명이 넘는 하계연구원, 그리고 기지 방문객들을 위해 식품을 준비하였다. 우리나라에서 준비한 주요 식품을 보면 포기김치 1,500킬로그램을 포함하여 김치 2,055킬로그램, 해산물 2,300킬로그램, 사골 70킬로그램과 젓갈류 95킬로그램이다(이 식품들은 냉동 컨테이너로 세종기지까지 보내졌다). 또 칠레에서 쌀 2,200킬로그램, 쇠고기와 돼지고기 2,080킬로그램, 생선 480킬로그램, 야채와 과일류 2,600킬로그램을 구입했다.

제23차 월동연구대는 2009년 12월 초에 제22차 월동연구대(대장 진영근 박사) 17명에게서 기지 운영을 인수해 2010년 12월 하순까지 머물고, 하계연구원들은 연구내용에 따라 2주부터 세 달까지 기지에 머물 예정이다.

월동연구대는 부족한 물품을 '중간물자'라는 이름으로 간간이 공급받는다. 예를 들면, 2000년 11월부터 2001년 12월까지 기지에서 월동했던 제14차 월동연구대(15명)는 5회에 걸쳐 1,475킬로그램과 우유 400리터의 중간물자를 공급받았다. 중간물자의 내용은 과일(레몬, 복숭아, 사과, 바나나, 포도, 자두), 채소(감

1995년 4월 25일 중간물자를 양륙하는 제8차 월동연구대원들(한국해양연구원 소재귀)

자, 무, 배추, 생강, 토마토, 근대, 대파, 마늘, 시금치, 양파, 양배추), 생선(메로), 기타 식품(달걀, 소시지, 마요네즈, 오이피클, 버터)과 우유처럼 주로 식품이며 돌소금도 있었다. 돌소금은 박물관에 주려고 잡았던 동물들의 껍질을 염장鹽藏하려고 받았다. 식품과 돌소금은 푼타아레나스와 킹조지 섬의 칠레 기지를 오가는 비행기로 운반되었다. 한편 남극은 기온이 낮아서 냉장고가 필요 없다고 생각하기 쉽지만, 식품을 건물 바깥에 쌓아 둘 수 없으므로 냉장고는 있어야 한다.

극지연구소에서는 (다른 물자도 마찬가지이지만) 식품을 충분히 준비해 주는데, 그 종류와 양은 요리사의 의견이 많이 반영된다. 예컨대, 요리사가 빵을 만드는 특별한 기술이 있다면 빵을 만드는 데 필요한 재료를 많이 준비한다.

앞에서 이야기한 에레부스 호의 알렉스 베제 선장은 어패류를 넣어서 선원 1인당 하루 기준으로 육류 300그램을 준비한다고 말했다(베제 선장은 당시 배를 탔던 아르헨티나 해군 2명이 '고기를 많이 먹는 사람'이어서 1인당 600그램을 준비했다). 고기를 많이 먹는 서양 사람들이 그 정도라면 우리가 그 정도 준비한다면 부족하지 않을 것이다. 우리나라 사람들은 국물을 좋아하기 때문에 소와 돼지의 발, 꼬리, 사골, 잡뼈 같은 것은 별도로 준비하면 좋다. 대신에 고기는 (쇠고기라면) 안심, 등심, 갈비, 혀처럼 요리사가 요리를 할 수 있는 질 좋은 부위로 준비해야 한다.

연료와 소모품과 물

15명으로 구성된 제4차 월동연구대(1990년 11월 하순부터 1992년 1월 중순까지 월동)는 1990년 12월 15일부터 1991년 12월 31일까지 28만 9,460리터의 경유와 5,780리터의 휘발유, 2,307리터의 윤활유와 190리터의 유압유를 소비했다. 경유는 발전기와 설상차의 연료이며 휘발유는 고무보트와 스키두의 연료다. 유압유는 설상차와 기중기가 달린 차량에서 썼다. 또 한 통에 50킬로그램인 주방용 액화석유가스 44통을 썼다. 이때는 기지의 난방 방식을 열풍송풍熱風送風 방식에서 전기난방으로 바꾸고 발전동과 창고 두 동을 지으면서 40명 가까운 기지 증축 인력이 일을 끝내고 중간 중간 떠나면서 남아 있던 7명이 2월 27일에 마지막으로 기지를 떠났다.

15명으로 구성된 제8차 월동연구대(1994년 11월부터 1995년 12월까지 월동)는 1994년 12월부터 1995년 11월까지 경유 20만 475리터를 썼다. 또 휘발유 3,400리터, 발전기 윤활유 1,094리터, 차량 윤활유 247리터, 유압유 63리터, 등유 1,440리터를 썼다. 등유는 창고에 있던 적외선난방기에서 썼으나, 이 난방기는 지금은 없어졌다.

제14차 월동연구대는 2001년 1월부터 11월까지 24만 1,726리터의 경유,

3,575리터의 휘발유를 썼다. 그들은 같은 기간 발전기를 만든 캐터필러사의 윤활유 1,121리터를 썼다.

이처럼 세종기지에서는 특별한 일이 없으면 경유를 1년에 대략 20~25만 리터를 쓰기 때문에 기지에서는 2년마다 경유 50만 리터 정도를 받는다. 이외에도 휘발유와 윤활유와 주방용 가스는 매년 칠레에서 사 온다.

기지에서 기름이 유출된 적이 있었다. 곧 1991년 봄, 눈이 쌓여 생긴 무거워진 얼음덩어리에 비상송유관이 눌려서 끊어져, 약 2만 리터에 가까운 경유를 흘렸던 것이다. 당시 매월 1일 탱크에 남아 있는 기름의 양을 탱크에 붙어 있는 게이지를 읽고 막대기로 일일이 재었는데 11월 1일, 10월에 다른 달보다 현저히 많은 기름을 썼다는 사실을 발견했다. 즉시 송유관을 점검해 비상송유관이 파손된 사실을 발견하여 수리했다. 만약 누유漏油를 발견하지 못했다면 당시 연료탱크에 남아 있던 5만 2,000리터에 가까운 기름이 모두 흘러나갔을 것이다. 이 누유 사고로 짧은 시간에 많은 양의 기름이 흘러나갔지만, 매월 1일마다 탱크에 남아 있는 연료의 양을 실측하여 쉽게 발견할 수 있었다.

반면에 조금씩 흘러나가는 기름은 일정한 주기(이 주기는 한 달을 넘지 않으면 좋을 것이다)로 사용한 연료와 탱크에 남아 있는 연료의 양을 정밀하게 비교하면 발견할 수 있을 것이다. 그러나 문제는 탱크 속에 남아 있는 기름의 정확한 양을 알기 어렵다는 것이다. 공기 중의 수증기가 탱크 속에서 맺혀 물방울이 되어 떨어지기 때문이다. 그렇더라도 관심을 가지면 어느 정도 많은 양의 누유는 알 수 있을 것이다. 폭풍설이 불 때는 눈이 탱크 안으로 날려 들어가지 않도록 탱크 꼭대기에 있는 마개를 잘 잠가야 한다. 또 탱크에서 기름이 새는지 여부는 연료탱크의 주변을 잘 살펴보면 알 수 있다.

극지연구소에서는 대원이 17명인 제22차 월동연구대와 제22차 하계연구대를 위해 370킬로그램이 넘는 세탁용 가루비누와 식기세척용 세제와 180리터가 넘는 린스와 락스를 준비하였다. 170그램짜리 치약도 144통이나 샀다.

기지에서는 여름에는 현대소現代沼[1]의 물을 쓰는데, 현대소가 얼어붙고 물이 고갈되는 4~5월부터 10월까지는 바닷물을 끌어들여 담수淡水 장비로 민물을 만든다. 역삼투압식逆滲透壓式인 담수 장비 3대는 하루에 5,000리터 정도를 생산하는데, 이 정도 양이면 14~18명이 부족하지 않게 쓸 수 있다. 제8차 월동연구대 15명은 1994년 12월부터 1995년 11월까지 1,480.2톤의 생활용수를 썼다. 물을 많이 썼던 1994년 12월에는 209.0톤, 1995년 1월에는 224.0톤을 썼으며, 적게 쓴 달은 같은 해 3월로 89.0톤을 썼다. 지금은 월동대원이 18명이므로 사용량은 늘어날 것이다.

쓰레기

기지에서 2005년 말부터 2006년 말까지 월동한 제19차 월동연구대(대장 최문영 박사) 17명은 2006년 11월 1만 4,360킬로그램의 쓰레기를 남극 바깥으로 옮기려고 준비했다. 그 내용을 보면 PVC가 16상자(3,300킬로그램), 종이를 태운 재 2상자와 6드럼(880킬로그램), 유리 3상자(900킬로그램), 고철 15상자(7,550킬로그램), 폐유 13드럼(2,380리터), 건전지 1상자(350킬로그램)였다. 한편 2009년 여름 기지 증축이 끝나면서, 평소보다 훨씬 많은 건축 쓰레기가 2009/10년에 남극 바깥으로 옮겨졌다.

1. 현대소는 기지를 지은 현대건설이 수원지로 판 작은 못이다. 기지에서는 기지를 설계·감리하고 건설 자재와 장비를 운반하고 건설했던 현대그룹을 기념하느라 그 못을 현대소라고 부른다.

외국 기지들은

바쁜 기지도 있어

킹조지 섬에는 8개국의 상주 기지 9개가 있다. 칠레는 기지는 두 곳인데, 칠레 남극연구소 기지인 에스쿠데로Escudero 기지는 1995년 2월에 준공되었다. 칠레 기지를 포함해 러시아·우루과이·중국의 기지가 필데스 반도에 있다. 이 기지들은 우리 기지에서 10킬로미터 반경 안에 있으며, 방향은 서쪽에서 북서쪽에 걸쳐 있다. 재미있는 것은 우리 기지에서는 그 기지들이 모두 보이지만, 러시아-칠레 기지를 빼고는 그들 기지끼리는 서로 보이지 않는다.

칠레의 프레이 공군 기지에 장교는 가족과 함께 2년을 체류하며, 가족과 함께 살지 못하는 하사관은 1년 동안 체류한다. 20인승 비행기와 작은 헬리콥터가 있는 프레이 공군 기지에는 겨울에도 70~90명의 사람이 있을 정도다. 반면에 에스쿠데로 기지는 2000년대 초까지만 해도 국제남극연구조직에 등록은 했으나 한두 사람이 월동하는 것 외에는 큰 활동은 없었다. 그러나 2003년 하반기 푼타아레나스Punta Arenas에 있는 마젤란대학교 총장이었던 호세 레타말레스Jose Retamales 박사가 칠레남극연구소의 소장으로 온 다음부터 연구활동이 대단히 활발해졌다. 그는 연구에 거의 참여하지 않는 나이 많은 사람들

칠레 기지에 착륙하는 공군수송기 C-130. 앞쪽에 러시아 기지의 설상차가 보인다.

을 내보내고 젊은 연구원을 많이 채용하여 연구소 분위기를 크게 바꾸었다. 따라서 에스쿠데로 기지는 여름에는 연구원들로 북적이며 겨울에는 몇 사람이 머문다.

몇 년 전만 해도 해군 대위를 책임자로 4명이 여름에만 일하던 칠레 해군 통제소 푸에르토 필데스Puerto Fildes에서 2007/08년에는 해군 소령을 대장으로 7명이 월동한 것으로 보아 활동을 확대했다고 생각된다. 이는 칠레가 새로운 월동 기지를 추가로 건설하기 위한 전초행동으로 보인다. 칠레의 이런 전초행동은 또 있다. 곧 정복 경찰 소속의 장교 한 사람이 칠레 육군 기지인 오이긴스 기지에서 2008/09년 겨울을 났기 때문이다(칠레는 육군·해군·공군·경찰 4군의 나라인데, 현재 경찰을 뺀 3군이 남극에 기지를 가지고 있다). 어느 나라라도 남극조약을 지키고 다른 기지에 피해를 주지 않는다면 남극에서 활동을 확대하는 것을 막을 필요는 없다.

1988년 9월 18일 칠레의 독립 178주년 축하 파티에서 기타를 연주하는 칠레 기지의 어린이들

중국도 최근 경제가 성장하면서 기지를 크게 확장하였다. 1990년대부터 새 건물을 꾸준히 지었던 중국 장성기지는 2000년대에 들어와 발전동을 새로 지었다. 따라서 하계연구를 비롯해 연구활동이 증가할 것이라고 생각된다.

러시아의 벨링스하우젠 기지는 1991년 소련이 붕괴하면서 월동대원 6명으로 규모가 크게 줄어들었으나 지금은 12~14명 정도 된다. 몇 년 전에는 성당을 지었으며 그리스 정교회 신부가 월동을 한다. 러시아의 경제가 되살아나면서 러시아 기지의 활동도 커질 것이다.

우리 기지의 남동쪽으로는 아르헨티나의 주바니 기지와 독일의 달만생물실험실이 있다. 주바니 기지는 아르헨티나의 생물 기지로, 생물학자와 잠수부를 포함하여 여름에는 100명이 넘게 머문 적도 있다. 독일의 달만생물실험실도 여름에는 10명이 넘는다. 또 아르헨티나는 2000년대 들어 이탈리아와 프랑스를 비롯해 국제 공동연구를 강화함에 따라 활동이 점점 활발해질 것이다. 한편 브라질의 코만단테 페라스Comandante Ferraz 기지도 비행기와 배가 많이 드나드는 것으로 보아 상당히 왕성하게 활동하는 것으로 보인다. 또 피터 레니 미국 은신처에는 매년 여름 미국의 학자들이 찾아온다.

그렇지 않은 기지도 있어

우루과이의 아르티가스Artigas 기지도 최근에 기지를 2층으로 새로 지었고 2000/01년만 해도 여름에는 헬리콥터를 동원했으나 그 후 예산이 줄어들면서 헬리콥터가 오지 못한다. 그 후 활동을 확대하고는 있지만 나라 자체가 크지 않아 한계가 있을 것이다. 세종기지의 북동쪽, 곧 애드미럴티 만의 서쪽 해안에 있는 폴란드 기지는 1980년대에는 자국으로부터 배가 온 적도 있으나 그 후로는 전혀 오지 않는다. 페루의 하계 기지는 가끔 조사선인 훔볼트 호와 비행기가 오는 것으로 보아 나름대로 활동하는 한편, 에콰도르의 은신처는 애드미럴티 만의 동쪽 헨네킨 포인트에 있으나 활동은 거의 하지 않는다.

넬슨 섬에 있는 체코의 에코넬슨Eco-Nelson 기지는 개인이 관리하여 비워 두는 경우가 많고 사람이 있더라도 그 수가 아주 적다(이 기지는 우리 기지의 남남서쪽으로 11킬로미터 정도 떨어져 있다). 그래도 2000/01년 여름에는 아버지와 아홉 살 난 딸을 포함해 10명 가까이 있었다. 체코의 민간 남극 연구를 주관하는 야로슬라브 파블리체크Jaroslav Pavlicék 씨는 우리나라와 우리 기지를 대단히 좋아한다. 그는 대학 시절 한국어를 배웠다고 한다.

한편 체코 기지를 제외한 모든 기지에서는 고무보트를 운행하며 체코 기지는 카약을 쓴다. 1993년 5월 맥스웰 만에서 카약이 뒤집어져 2명이 실종된 일이 있었다(이런 이유 때문인지 체코 정부에서는 민간 탐험을 인정하지 않는 것으로 생각된다).

연료와 소모품과 물은

외국 기지에서 사용하는 연료와 소모품, 물의 양을 정확히는 알기 어렵지만 소문에 의하면 칠레 기지의 경우 발전용 기름을 1년에 200만 리터를 쓰는 것으로 알려져 있는데, 개인 주택에서 사는 가족을 포함하여 사람이 많고 기지가 크니 당연히 많이 쓸 것이다. 한편 칠레 기지는 옆에 있는 큰 호수의 물을 러시아 기지와 함께 쓰면서, (1987년 4~5월 기지 후보지를 답사하려고 체류했던 경험으로는) 한 가정에 일주일에 세 번(월·수·금요일) 가족 1명당 물 250리터를 급수했는데, 지금은 사정이 나아졌는지 궁금하다.

그 밖의 기지는 월동하는 사람 수가 우리보다 적고, 여름에도 칠레와 브라질, 아르헨티나 기지를 빼고는 방문하는 사람들이 우리 기지만큼 많지 않아서 우리 기지보다는 기름과 소모품과 물이 덜 들어갈 것이다. 그러나 앞으로는 우리나라를 포함하여 거의 모든 기지들이 연구활동을 더 활발히 할 것이므로 연료와 소모품도 앞으로 더 많이 소요될 것이다.

배와 비행기와 관광객이 들어와

배와 비행기

부부가 두세 살짜리 젖먹이를 데리고 요트를 타고 남극으로 건너오기도 하고, 대여섯 사람이 팀을 만들어서 오기도 하며, 그린피스의 요트도 건너온다. 맥스웰 만으로 들어오는 배의 입항 목적은 관광, 물자 운반, 연구, 기지 검열, 모험, 환자 수송을 포함해 다양하다.

킹조지 섬 맥스웰 만으로 들어온 배와 요트의 숫자를 보면, 1990년 11월 20일부터 1992년 1월 12일까지 36척이 60회 입항했고, 1994년 11월 25일부터 1995년 12월 13일까지는 23척이 49회 입항했으며, 2000년 12월 6일부터 2001년 12월 12일까지는 27척이 42회 입항했던 것으로 기록되어 있다. 배 가운데에는 헬리콥터를 싣고 오는 배도 있다. 배나 요트의 소속은 미국을 비롯한 관광회사들과 칠레, 우루과이, 브라질, 스페인, 영국, 아르헨티나, 미국, 러시아, 독일, 중국, 그린피스다. 가끔 폴란드와 에콰도르와 일본 배가 들어온다.

칠레 공항에는 10인승 비행기부터 50인이 넘는 수송기까지 드나드는데, 가장 많이 쓰이는 비행기가 군 수송기인 C-130이다. 일명 '허큘리스'인 그 비행기는 프로펠러가 4개에 앞부분이 둥글고 통통하며, 우람하고 단단하게 생졌다.

배를 관찰한 것과 같은 기간 동안 비행기는 각각 86회, 73회, 47회 들어온 것으로 관찰되었다. 비행기를 운행하는 나라는 주로 칠레와 칠레의 민간업자 DAP와 브라질과 우루과이이며, 가끔 페루와 미국, 스페인이 비행기를 운행한다(배나 비행기를 목격한 경우도 있으나, 무전 소리 같은 간접 방법으로 파악한 것이라 이 기록이 정확하지는 않지만, 사실에서 크게 벗어나지는 않을 것이다). 한편 칠레 공항에 착륙하는 것은 날씨가 중요해, 비행기가 왔다고 다 착륙할 수 있는 것은 아니다.

아주 드문 경우지만 바다에서 사람이 죽는 일도 있다. 1990/91년 여름 남극을 관광하던 미국인 할머니가 관광선에서 죽음을 맞이했는데, 당시 그 할머니의 남편인 할아버지가 멍하게 앉아 있던 모습이 지금도 생생하다. 2001년 1월에는 드레이크 해협을 건너오던 요트에서 젊은 영국 여자가 죽음을 맞이했다. 당시 그 요트에서는 구조신호를 급하게 보냈고 영국 로드라 기지는 무전으로 환자 상태를 물으면서 치료 방법을 알려주었다(당시 우리 기지에는 의사가 없어 그들을 도와주지 못했다). 그 여자는 지병이 있었는데 무리하게 항해를 했다는 말을 훗날 들었다. 칠레 기지의 비행기가 할머니와 젊은 여자의 시신을 각각 칠레의 푼타아레나스와 포클랜드의 포트스탠리Port Stanley로 운반했다.

또 앞에서 이야기한 2005년 9월 중순 크레바스에 빠졌다가 한 달 후에 발견된 아르헨티나 주바니 기지 월동대원들의 시신도 칠레 기지의 병원에 안치되었다. 칠레 기지에는 그런 경우를 대비해 시신을 담는 주머니와 냉동고도 있다. 또 1995/96년 여름에는 일본 어선이 환자를 칠레 기지의 병원으로 데려오기도 했다.

관광객

관광객을 실은 비행기가 가끔 남극을 찾은 것은 1956년부터였고 1970년 후반부터는 정기적으로 찾아오기 시작했다. 그 후 비행기나 배로 남극을 찾아오는 관광객들은 해마다 늘어나 2007/08년에는 4만 6,000명 정도가 남극을 구경했다.[2]

남극반도 일대는 문명세계에서 가깝고 인간의 흔적이 많이 남아 있기 때문에 좋은 관광지가 되었다. 게다가 킹조지 섬은 기지가 많아 관광객이 많이 찾는다. 관광객의 대부분은 사실 우리 기지보다는 칠레 기지를 찾아간다. 우체국과 병원, 은행, 유치원, 기념품 가게, 국제공중전화 같은 시설이 있기 때문인데, 칠레 해군은 관광선에 자기네 기지에는 이런 것들이 있다며 찾아오기를 무전으로 권유한다.

남극을 찾는 관광객들이 모두 킹조지 섬을 찾는 것은 아니지만, 상당수가 찾아오는 것은 분명하다. 또 푼타아레나스와 킹조지 섬을 배로 건너는 대신 비행기로 와서 배를 타고 관광하다가 킹조지 섬으로 돌아와 비행기로 푼타아레나스로 돌아가는 관광 프로그램도 있어서 관광객은 더욱 많아질 것으로 보인다. 또 우리나라를 포함하여 킹조지 섬과 남극반도 일대에 진출한 나라들의 활동도 활발해지면 맥스웰 만으로 들어오는 배와 비행기는 점점 많아질 것이다.

관광객들이 버린 쓰레기로 남극이 오염된다는 기사가 2009년 4월 중순 신문에 크게 보도되었고, 물개 서식지에서 남극이 아닌 곳의 생물들이 발견되었고 기름이 유출되었다고 보도된 적이 있다. 관광선을 비롯하여 남극으로 오

2. 관광객 대부분은 아르헨티나의 우수아이아Ushuaia에서 떠났다.

1991년 12월 23일 기지를 방문한 관광선 프론티어 스피릿 호의 하인츠 아이에(Heinz Aye) 선장이 초대해, 관광선을 찾아가는 대원들
월동연구대 심문보)

는 배들은 환경보호에 관한 교육을 잘 받고 준비를 철저히 해서 규정에서 벗어나는 행동을 하는 일은 드물다고 생각되는데, 아무리 조심하더라도 사람들이 많이 오면 오지 않는 것보다는 못할 것이다. 그러나 오염되지 않도록 조심하고 남극이 전 세계 사람과 동식물 모두에게 소중한 곳이라는 생각을 가지고 행동하면, 그렇게 우려할 만한 일은 생기지 않을 것이라고 본다.

기지에 있는 사람들도 조심해야 한다. 1993년 1월 영국·한국·이탈리아 국제합동남극검열단의 일원이 되어 검열하려고 올라갔던 관광선에서 만났던 안내인이 "관광객들이 아니라 오히려 기지에 있는 사람들이 남극을 더럽힌다"라고 한 말이 사실이 아니기를 바랄 뿐이다.

최근 남극에서 관광선 사고가 발생하면서, 남극조약협의당사국들이 관광을 제한하려는 움직임이 있는데, 남극에 가까운 칠레와 아르헨티나는 남극 관광이 '인류의 삶의 질을 향상시키는 방안'이라며 관광을 적극 지지하고 있다.

1988년 2월부터 1989년 2월까지 제1차 월동 때 세종기지를 찾아온 외국인은 48회에 걸쳐 744명이 넘었으며 1990/91년에도 500명에 가까웠다(한편 1997/98년은 20회에 걸쳐 93명이 찾아와 가장 방문객 수가 적었다). 제1차 월동 때 우리 기지를 찾아온 사람들이 유난히 많은 이유는 관광선이 세 차례 왔으며, 기지를 준공한 해라 외국인들의 관심이 컸기 때문이다. 우리 기지는 '새로 잘 지은 기지'로 소문이 나 있어서 누구나 와보고 싶어 한다. 관광선은 상륙할 사람들의 숫자와 시간을 미리 알려주고 협조를 구하며, 관광객을 포함해 외국인들은 대부분 기지에 한두 시간 동안 머물면서 둘러본다. 기지를 찾는 사람들이 모두 관광객은 아니지만 상당수가 기지를 구경하기 위한 목적으로 온다.

세종기지에서 관찰한 결과

자연의 변화

기지에서 관찰되는 자연현상의 변화를 반드시 기지의 건설과 사람의 활동 때문이라고 보기는 어렵지만 이 둘을 나누어서 생각하기도 어렵다. 적지 않은 양의 하수를 바다로 내보내고 연기를 하늘로 날려 보내면서 바람직하지 않은 영향을 미쳤을 것인데, 여기에서는 두드러지게 눈에 띄는 현상만 이야기하겠다.

지의류에 함유된 중금속이 기지에서 유래했다는 것을 보여 주는 연구가 있다. 곧 기지 부근에서 1998년 채집한 37점의 지의류에서 중금속을 분석한 결과, 납Pb 함량이 기지에서 멀어질수록 뚜렷이 줄어들기 때문이다. 실제로 기지에서 약 200미터 정도 떨어진 곳의 공기 중 납 함량은 1킬로미터 정도 먼 곳의 50배나 된다. 이는 기지에서 기원한 납이 지의류에 축적되었다는 것을 나타낸다. 실제로 기지에서는 한동안 칠레에서 흔히 쓰는 납이 함유된 페인트를 썼고, 기지를 스프레이로 칠하면서 작은 페인트 방울들이 바람에 날렸다 (납이 함유된 페인트를 태우면 바닥에 콩알 크기 정도의 납이 모인다는 말을 기술자에게서 들은 적이 있다).

공기 속 아주 작은 입자(애어로솔)에 있는 금속입자와 이온의 종류와 양이 흙과 바닷물에 있는 중금속의 양과 비례한다는 것은 중금속의 기원이 사람의 활동일 수도 있음을 보여주는 것이라는 보고가 있다. 실제로 기지에서 알루미늄Al, 바륨Ba, 비스머드Bi, 카드뮴Cd, 코발트Co, 크롬Cr, 세슘Cs, 구리Cu, 납, 바나듐V의 농도는 겨울보다 여름에 더 높다. 반면 루비듐Rb과 아연Zn의 농도는 겨울에 더 높다. 자연 기원으로 설명할 수 없는, 공기 중에 있는, 카드뮴, 크롬, 구리, 니켈, 납, 바나듐과 아연은 사람의 활동에서 비롯된다고 생각된다. 칠레 산티아고의 공기 중에 많은 카드뮴은 사람이 버린 배터리로부터 나온 것이라는 말을 2001년 여름 기지를 찾아온 칠레대학교 대기화학 교수에게서 들었다. 한편 알루미늄, 바륨, 코발트, 니켈Ni은 광물 먼지에서 기원하는 것으로 보인다. 나트륨Na과 비스머드는 바닷물의 염분으로부터 생기며 세슘, 스트론튬Sr, 루비듐은 광물 먼지와 바닷물의 염분에서 기원한다.

이산화질소의 농도가 정비동과 발전동에서 유난히 높은 것은 소각의 영향으로 판단된다. 또한 톨루엔toluene 농도가 유난히 높은 것도 사람의 활동 결과로 보인다. 구리를 함유한 광물이나 연료를 태워서 나오는 아황산가스도 이산화질소와 아주 비슷한 추이를 보인다. 석탄이나 석유에는 수 퍼센트의 유황이 포함되어 있다.

눈이 녹은 물이 흘러들어오는 곳에 가까울수록 해수 중에 중금속이 많아지고 멀어질수록 그 양은 급격히 줄어든다. 카드뮴을 제외한 중금속(코발트, 구리, 니켈, 아연, 크롬, 망간Mn, 철Fe, 알루미늄)은 바닷물 속에 입자로 분포하는데, 삿갓조개에 농축된 중금속의 농도도 바닷물에 분포하는 양상과 같다. 또한 삿갓조개의 배설물에 있는 중금속도 바닷물에 있는 중금속과 같은 경향을 보이는 것으로 보아, 삿갓조개는 해수 중의 중금속을 섭취해서 축적한 다음 배설하는 것으로 생각된다.

기지에서 연료를 쓰고, 쓰레기를 태우고, 하수를 배출하고, 장비를 운행하면 연료와 장비에서 알게 모르게 중금속을 비롯한 이물질들이 공기와 흙과 바닷물 속으로 흩어진다고 봐야 한다. 이런 관찰들은 단 한 번에 그치지 말고 계속해서 어떤 추이를 보이는지를 밝혀야 할 것이다.

외국 기지와 배의 영향

기지 부근에서 흔한 바람인 북서풍이 불면 외국 기지들의 영향이 있을 것이다. 예컨대, 칠레 기지의 빈 드럼통이나 부표, 포장지 같은 것들이 파도에 밀려온다. 그러나 그런 것은 당분간 우리 기지의 자연에 대단한 영향을 미치지 않을 것이다. 반면 매연과 중금속을 비롯하여 눈에 보이지 않는 물질은 공기와 바닷물에서 희석된다고 해도 어느 정도 영향이 있을 것인데, 그것을 알아내기란 쉽지 않다.

지금까지 배가 기름을 흘리는 것처럼 환경에 뚜렷이 나쁜 영향을 미치는 사고는 킹조지 섬을 포함한 사우스셰틀랜드 군도에서는 없었다. 다만 1989년 2월 말에 (앞에서 말한 대로) 페루 조사선 훔볼트 호가 기지 앞 마리안 소만 입구에서 좌초되었다가 빠져나왔는데 기름이 유출되지는 않았다.

또 2007년 11월 하순 관광선 익스플로러*Explorer* 호가 브랜스필드 해협에서 얼음에 부딪혀 침몰했다. 브랜스필드 해협은 사우스셰틀랜드 군도와 남극반도 사이의 해협이며 사고 당시 관광선은 킹조지 섬에서 상당히 멀리 떨어져 있었다. 1989년 1월 말 아르헨티나의 물자운반선인 바이아 파라이소*Bahia Paraiso* 호가 파머 기지 앞(킹조지 섬에서는 아주 먼 곳이다)에서 좌초했다가 침몰했다. 그때 기름이 흘러나와 생물들이 적지 않은 피해를 입었으나, 몇 년 후 잠수 전문가들이 배 속에 남아 있던 기름을 제거했다.

환경보호는

재를 버리지 못하므로

남극에서는 환경보호를 위해 재를 버려서는 안 된다. 종이나 나무를 태운 재뿐만 아니라 담뱃재도 마찬가지다. 그러므로 남극에서는 담뱃재도 털어서는 안 되는데, 우리 기지에서도 그래서는 안 된다는 사실을 모르거나 문명세계에서 하던 습관대로 재를 떠는 경우가 있다. 그런 점에서 1993년 1월 남극 기지들을 검열하다가 올라갔던 디셉션 섬에서 만난 스페인 지구물리학자들이 담뱃재를 필름통에 터는 것을 보면서 배울 점이 많다는 생각이 들었다.

금연을 하는 것이 가장 바람직하지만, 담배를 피워야 한다면 우리도 그런 태도를 배울 필요가 있다. 필름통을 들고 다니면서 거기에 담뱃재를 털고 사무실에 돌아와서 통에 든 재를 재떨이에 버린다는 것은 번거롭겠지만, 한두 번 해 봐서 몸에 익으면 어려운 일이 아닐 것이다. 그런 점에서 연구소에서는 이를 교육해야 하고 교육한 효과가 나타날 때까지 당분간 필름통을 준비하는 것도 한 방법이다.

월동연구대원으로 선정된 다음 담배를 끊은 사람도 있다. 제4차 월동연구대의 기계설비 담당이었던 김성욱 씨는 월동하면서 기지에서 전혀 담배를 피우지 않아서 원래 담배를 피우지 않는 사람이라고 생각했다. 그러나 세종기지 준공 15주년 기념식에서 만난 그의 부인을 통해서 그가 남극에 가면서 담배를 끊었다는 사실을 알게 되었는데, 그의 가족은 그가 담배를 끊은 것을 아주 좋아했다.

마음가짐과 정성이 있어야

남극의 환경을 보호해야 한다는 것은 너무나 분명하다. 남극조약이 문제가 아니라 남극이 가지는 특성, 곧 기온이 낮아 물질의 변화가 느리다는 그 이유 하나만으로도 남극의 환경을 보호할 필요가 있다. 남극 환경보호는 1985년 11월과 12월에 걸친 한국남극관측탐험 때부터 누누이 강조되었는데, 세종기지를 지으면서는 더 강조되어 세종기지에서는 쓰레기를 규정에 맞추어 처리한다. 예컨대, 종이, 유리, 플라스틱과 비닐, 고철, 폐유, 배터리를 나누어 모아서 포장하여 남극 바깥으로 가지고 나간다. 문제는 태울 만한 것들을 태울 때 태워서는 안 될 것들이 함께 탄다는 것이다. 예컨대, 쓰레기봉투가 비닐이므로 종이와 함께 상당량의 비닐봉투가 함께 소각되기 때문에 태워도 좋은 재질로 만든 쓰레기봉투가 필요하다.

나아가 소각로에서 배출되는 연기의 성분도 조사할 필요가 있다. 세종기지가 준공된 이후 연기의 성분을 조사했다는 말을 들어본 적이 없어, 우리가 남극의 환경을 보호해야 한다고 말하면서 중요한 것을 빠뜨리는 것은 아닌가 하는 생각이 든다.

기지에서는 당연히 납이 없는 페인트와 연료를 써야 한다. 나아가 기지 건물에 페인트칠을 할 때에도 분무기를 쓰지 말고 붓으로 칠해야 한다. 붓을 쓰면 시간이 더 걸리고 귀찮겠지만, 작은 페인트 방울이 공기 중으로 날리는 것을 방지할 수 있다. 나아가 모아둔 물건이나 쓰레기가 바람에 날려가지 않도록 주의해야 한다. 이를 소홀히 하면 기지 주변을 더럽힐 수 있다.

환경은 말이 아니라 행동으로 보호된다. 곧 남극의 환경을 깨끗이 하자고 말로 해서 되는 게 아니라, 오염물질 배출량을 줄이는 것부터 시작하여 기지 부근에 흩어진 쓰레기를 손으로 줍고 삽으로 청소를 할 때 깨끗해진다. 그러므로 기지 주변을 산책할 때라도 돌아올 때에는 눈에 보이는 쓰레기를 가지고 돌아오는 마음가짐과 정성이 필요하다.

여기에서는 사람의 활동에 따라 기지에서 일어나는 환경문제만 논했다. 그러나 환경문제는 바다에서도 일어날 수 있다. 배가 좌초되어 기름이 흘러나오면 주변 바다를 헤엄쳐 다니는 펭귄과 새 같은 동물뿐 아니라 물고기, 크릴 등 바다 생물과 생태계까지 위협할 수 있다. 그러므로 배를 타는 경우에도 환경문제를 염두에 두어야 한다. 물론 생물을 보호하는 것도 환경보호의 주요 부분이다.

남극 대륙기지를 위하여

테라노바베이에 건설 예정

우리나라가 남극대륙을 연구하려는 꿈은 2010년 3월 17일 국토해양부 장관이 동남극 빅토리아랜드Victoria Land의 테라노바베이Terra Nova Bay에 2014년까지 대륙기지를 건설할 것을 발표하면서 눈앞으로 다가왔다. 곧 22명의 전문가로 구성된 대륙기지 후보지 답사반은 우리나라 쇄빙선을 타고 후보지로 거론되었던 서남극 마리버드랜드Marie Byrd Land의 케이프벅스Cape Burks와 테라노바베이를 2010년 1월과 2월에 걸쳐 답사하였다.

답사반은 두 지역의 지형과 지질, 지면, 지면을 덮은 물질, 해안선, 분포하는 생물, 급수원, 기상조건, 가까운 외국 기지, 비행기 이착륙 가능성, 물자 양륙 가능성, 내륙 진출 용이성을 포함하여 기지를 짓고 활동하는 데 필요한 조건들을 면밀히 조사하였다. 또 바람과 온도, 태양복사량, 적설량에 관한 조건을 측정하여 장기간 기록하고 발신하도록 두 지역에 자동기상측정탑을 세웠다. 전문가들이 두 지역의 답사자료를 비교한 결과, 테라노바베이가 여러 면에서 유리하다는 것이 밝혀졌고, 국토해양부는 테라노바베이를 기지 건설 지역으로 결정하였다.

얼음을 깨고 항해하는 우리나라의 첫 쇄빙선(극지연구소)

마리버드랜드 일대는 남극대륙에서 자연조건이 가장 가혹한 곳이다. 실제로 1988년 11월 세종기지를 검열했던 러시아 검열단의 지체지구물리학자 그리쿠로프G. E. Grikourov 박사는 마리버드랜드에 있는 러시아 루스카야Russkaya 기지에 한여름에 한 번만 배가 들어갈 수 있다고 말했다. 그만큼 그 일대는 바람이 세고 파도가 높고 얼음과 안개가 인간의 접근을 막는다고 말했다(그는 배를 타고 남극대륙을 여러 번 일주했다며, 마리버드랜드가 남극에서도 가장 가혹한 곳이라고 힘주어 말했다). 실제로 케이프벅스는 루스카야 기지의 구내이며 땅이 좁고 지형의 기복

대륙기지가 들어설 테라노바베이 전경과 답사활동(DMZ 와일드 임완호)

이 상당히 심하다. 루스카야 기지의 기록을 보면, 최대풍속이 초속 61미터이며 연중 136일 이상 초속 30미터를 넘는 바람이 분다. 초속 30미터면 성인 남자가 바람을 안고 걷지를 못한다. 물론 여름에는 덜 하겠지만 굉장한 바람이다. 실제로 이번 답사에서 만났던 러시아 사람은 케이프벅스가 바람이 워낙 세고 바다가 얼어 물자 운반이 쉽지 않다며 그리로 오지 말기를 강력히 권유했다고 한다. 게다가 그곳은 남극대륙에 있는 기존 비행장에서 워낙 멀어, 남극에서 많이 쓰이는 비행기의 안전 운항 거리를 넘는다.

지금까지 마리버드랜드에 기지가 없다는 것은 그만큼 사람이 가까이 가기 힘들다는 뜻이다. 2008년 1월과 2월에 걸친 후보지 답사에서는, 부근의 바다가 얼어 답사반이 탔던 러시아 선박 아카데믹 페도로프Akademik Fedorov 호가 루스카야 기지에서 50킬로미터 정도 떨어져 정박해, 답사반은 헬리콥터로 갔다 왔다. 2010년 답사에서는 다행히 해빙이 열려 배가 가까이 갔지만, 해안이 높이 2~10미터의 빙벽이라 헬리콥터로 상륙했다(해빙은 매년 열리는 게 아니라, 5~10년에 한 번씩 열린다).

반면에 테라노바베이는 땅이 넓고 평평하며 바지선이 해안에 닿을 수 있어 사람이 올라가고 물자를 내리기가 훨씬 쉽다. 또 부근의 해빙과 빙원에는 큰 수송기가 내릴 수 있다. 나아가 이탈리아의 마리오 주켈리Mario Zucchelli 하계기지가 8킬로미터 정도 떨어져 있으며, 독일의 곤드와나Gondwana 하계기지는 그보다 가까이 있다(남극에 있는 기지 가운데 가장 큰 미국의 맥머도McMurdo 기지와 뉴질랜드의 스콧Scott 기지가 400킬로미터 정도 떨어진 남쪽에 있다). 남극종단산맥이 가까워 지질과학을 연구하기에도 좋고 운석이 많은 동남극의 빙원과 얼음을 굴착할 수 있는 빙원으로 들어가기도 쉽다.

남극처럼 자연조건이 가혹한 곳에 기지를 지으려면 검토할 사항이 많다. 예를 들면, 사람과 물자와 실은 배가 접근하기 쉽고 사람이 땅으로 올라가는데 어려움이 없어야 물자를 내리고 건물을 지을 수 있다. 실제 군사작전에서도 상륙작전이 아주 힘들기 때문에 강한 군인인 해병대가 상륙작전을 맡는다는 것을 생각하면 올라간다는 것이 그만큼 힘들다는 것을 알 수 있다. 만약 일어날 수도 있는 비상사태에 대비해야 하기 위해 멀지 않은 곳에 외국 기지가 있는 것이 좋다. 이런 점들을 고려할 때 테라노바베이가 아주 유리한 곳이다.

2014년까지 3,300제곱미터의 대륙기지를 건설하기 위해서는 먼저 남극조약협의당사국에 기지건설의향서를 제출해 동의를 얻어야 한다. 동의를 얻으려면 기지 건설이 부근의 자연환경에 나쁜 영향을 주지 않고 환경을 최대로 보호하겠다는 우리나라의 계획과 의지를 보여야 한다.

기지를 지을 때는

세종기지의 경험은 2014년 완공을 목표로 하는 대륙기지의 건설과 활동에 큰 도움이 될 것이다. 나아가 세종기지에서 소홀했고 부족했던 일을 되풀이 하지 않기 위해 세종기지의 경험은 절대 필요하다.

대륙기지의 상세한 건설 내용과 사항은 건설 전문가의 업무이지만, 그간의 경험을 바탕으로 몇 마디만 덧붙이겠다. 첫째, 남극에서 일어나는 불은 (앞에서 말한 대로) 절대로 끄지 못한다. 그만큼 남극은 바람이 센 곳이며, 폭풍설은 더욱 세찬 바람이다. 남극에서 불이 나면 사람만 달아나 생명을 지켜야 한다. 불을 끄려다 자칫하면 귀중한 생명을 잃는다. 그러므로 불이 나면 사람을 살리기에 적합한 구조로 건물을 설계해야 한다. 곧 기지의 모든 건물에는 반드시 비상구가 있어야 하며, 2층 건물인 경우 건물 양쪽으로 난 비상계단이 절대로 필요하다. 나아가 창문은 사람이 쉽게 빠져 나갈 수 있도록 커야 한다. 앞에서 말한 것처럼, 영국 본너해양실험동의 화재를 거울로 삼아 작은 부분이라도 소홀해서는 안 된다.

둘째, 기지에 있는 사람들과 쇄빙선의 안전, 미래의 연구, 원활한 물자운반을 위해서는 인공위성의 자료를 받아 처리할 수 있는 성능이 아주 좋은 시설과 연락이 가능한 통신시설을 반드시 설치해야 한다(위급한 환자가 생겨서 기지의 의사가 도움이 필요한 경우가 있을 것이다).

셋째, 기지를 지을 때는 '환경보호를 위한 남극조약 의정서'의 규정을 지켜야 하며, 그중에서도 폐기물 처리는 특별히 조심해야 한다. 예컨대, 아무런 화학처리를 하지 않은 나무처럼 불에 타면서 유독한 기체를 내뿜지 않는 물질도 소각로가 아닌 곳에서는 태우면 안 된다. 세종기지를 지을 때 했던 것처럼, 합판이라고 땅 위에 쌓아놓고 태워서는 안 된다. 당시에 기지가 완공된 다음 떠날 준비를 하면서 식당을 지었던 100장이 넘는 베니어를 모두 태워 버렸는데, 보는 사람이 없고 가장 손쉬운 방법이 소각이라고 해도 그 유혹에 빠져서는 안 된다. 또 무엇이라도 땅에 묻어서는 안 된다. 땅을 파기도 힘들겠지만 (세종기지에서 보았듯이) 묻힌 것은 언제인가 다시 나타나기 때문이다. 그러므로 기지를 짓는 책임자는 이런 사실들을 잘 알아 적절한 조치를 취해야 할 것이다.

먹고 입을 거리와 건강은

남극대륙에서 추위를 견디기 위해서는 잘 먹고 잘 입어야 한다. 그러나 남극대륙에서는 아무리 잘 먹고 잘 입어도 배가 고프고 춥다는 말이 있다. 그만큼 춥다는 뜻일 것이다. 남극에서는 기온이 낮아서 체열을 빨리 뺏기기 때문에 잘 먹어야 한다. 영양학 이론에 따르면 인간이 사는 곳의 평균기온이 1°C 낮아지면 75칼로리를 더 먹어야 한다. 예컨대, 서울의 평균기온이 11°C이고 새로운 남극 기지의 평균기온이 −11°C라면 1,650칼로리를 더 먹어야 한다는 얘기가 된다. 남극대륙에서는 하루의 기본열량이 3,900칼로리로, 이는 스키 선수가 섭취해야 하는 열량인 3,600칼로리보다 더 많다. 만약 제대로 먹지 못하면 피하지방에서 부족한 열량을 보충하기 때문에 수척해진다.

남극대륙의 내부 고원지대를 탐험할 경우에는 더 잘 먹어야 한다. 1911년 12월 14일 남극점에 최초로 도달했던 아문센Roald Amundsen은 1911년 당시

세종기지에 설치된 식물공장(극지연구소 강성호)

하루에 5,500칼로리를 섭취했다고 한다. 높은 열량을 내려면 음식을 많이 먹으면 되지만, 음식을 갑자기 많이 먹는다는 것이 쉽지 않기 때문에 양은 작더라도 열량이 많고 영양분이 많은 식품을 먹는 것이 좋다.

기지의 생활을 흥미롭게 하고 신선한 채소를 공급하는 방법 가운데 하나가 기지에서 채소를 재배하는 것이다. 그러므로 수경재배 시설을 준비해서 채소를 재배하기를 강력하게 권장한다. 아무리 수경재배라도 어느 정도 경험과 기술이 있어야 하겠지만, 관심을 가지고 정성을 기울이면 어느 정도의 결과는 얻을 수 있을 것이다. 농촌진흥청은 컨테이너형 식물공장을 2010년 1월 15일 세종기지에 설치하여 시운전을 마치고 정상 가동하고 있다고 밝혔다. 식물공장이 제대로 가동될 경우 20피트 컨테이너 하나당 하루 1킬로그램의 채소를 생산할 수 있다고 한다.

남극대륙의 해안에 있는 기지들을 보아, 대륙기지의 평균기온은 높아도 −10°C에서 −15°C이며, 최저기온은 −40°C에서 −50°C 정도가 될 것이다. 그래도 예외로 −60°C 이하로 내려갈 경우를 대비할 필요가 있다. −60°C보다 낮은 온도에서는 사람이 만든 모든 섬유는 부스러지고 목화, 비단, 양털, 토끼털, 오리털, 늑대가죽 같은 자연섬유만이 견딘다. 그러므로 안감과 겉감과 실과 부속 자재가 자연섬유로만 된 옷을 입어야 한다. 실제로 1991년 세종기지에서 만났던, 보스토크 기지에서 월동했던 한 러시아 사람은 자기가 신고 있던 고무와 털로 된 방한장화를 가리키면서 "보스토크 기지에서는 신지 못한다"고 말했다. 그는 벨링스하우젠 기지용과 보스토크 기지용 벙어리장갑을 보여 주었는데, 벨링스하우젠 기지에서 끼는 장갑은 양털이 적어 가벼웠으나 보스토크용 장갑은 양털을 아주 강하게 압착해서 단단하고 무거우며 투박했다. 장갑의 겉감과 실도 검게 염색한 목면이라 볼품이 없었지만, −60°C 저온에서 견딘다.

테라노바베이에서 가장 가까운 맥머도 기지나 스콧 기지는 (앞에서 말한 대로) 400킬로미터는 될 것이다. 그 기지들이 남극에서는 그렇게 먼 곳은 아니지만, 남극대륙이 어두워지는 겨울에는 도움을 받기 힘들다. 그러므로 우리가 예방할 수 있는 질병은 최대한 예방을 해야 한다. 그런 질병 가운데 하나가 바로 급성충수염急性蟲垂炎, 이른바 급성맹장염이다. 급성충수염은 잘 알다시피 수술 시기를 놓쳐 복막염으로 화농되면 생명을 잃는다. 게다가 남극에서는 (이유는 밝혀지지 않았지만) 문명세계보다 급성충수염이 더 많이 생긴다. 그러므로 쓸 만한 병원이 있고 비행기가 언제나 대기하는 칠레의 프레이 공군 기지에서 겨울을 보내는 사람들도 세 살만 넘으면 모두 충수를 없애는 수술을 한 다음 기지로 온다. 아르헨티나 월동대원들도 마찬가지다. 더구나 아르헨티나는 1958년 5월 멜초르Melchior 기지에서 월동하던 해군장교가 급성충수염으로 목숨을 잃었던 적이 있다.[3]

대륙기지에서 월동하려는 사람들은 적어도 이 점에는 빈틈없이 대비해야

3. 멜초르 기지는 파머 제도의 멜초르 군도 남서쪽 끝에 있는 감마Gamma 섬, 남위 64도 20분, 서경 62도 59분에 있는 아르헨티나 해군 기지로 1947년 3월 31일에 준공되었다가 1961년 11월 30일에 폐쇄되었다.

할 것이다. 굳이 문제를 일으키지 않는 충수를 일부러 없앨 필요가 있느냐는 우리 사회 일부의 안이한 생각이 큰 문제다. 월동하는 동안 충수가 문제를 일으키지 않는다는 보장이 없으며, 게다가 한 번 문제를 일으키면 죽느냐 사느냐의 문제이기 때문에 위험을 초래할 수 있는 조직을 몸속에 두는 것보다는 없애는 것이 확실한 방법이다. 물론 충수 제거 수술에 드는 비용은 연구소가 부담해야 한다.

나아가 예산을 아끼지 말고 어떤 경우라도 화상통신을 할 수 있는 통신시설을 설치하여 우리나라에 있는 유능한 의사가 화상통신으로 기지의 의사에게 수술을 포함한 의료처치를 도와주는 데 부족함이 없어야 한다. 또한 가능하면 일반 외과 전문의가 월동을 하는 것이 바람직하다.

또 인성검사와 심리검사도 필요하다. 세종기지만 해도 교통이 편리해 외부의 사람들과 쉽게 소통되기에 문제가 없지만, 그렇지 않으면 어떤 문제가 생길지 모른다. 지금까지 우리 세종기지에서 큰 문제가 없었던 것은 우리 사회 구성 인력의 수준이 높고 또 좋은 사람들을 만났기 때문이다. 그러나 언제나 그렇다는 보장은 없으며, 바람직하지 않은 모든 것은 일어나기 전에 막아야 하며, 소 잃고 외양간을 고쳐서는 안 된다.

사람들은 성향에 따라 크게 두 부류로 나눌 수 있다. 곧 사람 속에서 기쁨을 느끼는 사람들과 대자연에서 기쁨을 느끼는 사람들이다. 어느 한쪽으로 심하게 기울어지면 바람직하지 않지만 기지의 생활조건을 고려할 때 전자보다는 후자가 기지에서 더 잘 견딜 것이다. 물론 연구소에서는 예산이 닿는 대로 최대한 생활조건을 좋게 만들겠지만, 극지는 모든 게 부족한 사회이며 모든 면이 세종기지보다 훨씬 부족할 것이다. 그런 제한점을 이해하고 견디는 마음가짐이 필요하다.

세종기지에서 월동할 제1차 월동 연구대원들을 선발하기 전인 1987년 여

1984년 기지 대장이 정신착란을 일으켜 불을 질러서 다 타 버린 아르헨티나의 알미란테 브라운 기지

름, 월동 희망자들은 서울대학교 의과대학병원 정신과에서 심리검사를 받았다. 나누어준 종이 세 장에 집과 사람 얼굴, 나무를 그리는 검사였다. 처음 해본 낯선 검사였지만 심리를 알아내는 상당히 좋은 방법이라고 한다.

1984년 4월 아르헨티나 기지 대장인 50대 의사 산체스Sanchez가 후임이 없어 월동을 또 해야 한다는 말을 듣고 정신착란을 일으켜, 기지의 큰 건물들을 몽땅 태워 버린 적이 있었다. 그 후 아르헨티나는 월동대원을 선발할 때 심리검사를 두 번씩이나 하고, 여름에는 심리학 교수와 학생들을 주바니 기지까지 보내 심리를 연구하고 검사한다. 예컨대, 심리학자들은 기지에 있는 사람들이 규칙을 만들고 지키는 것을 관찰하고 설문지로 조사하며, '나의 어머니' 또는 '나의 가정'이라는 제목으로 글을 짓게 한다. 어머니나 가정에 대한 기억과 마음가짐으로 사람의 심리를 파악한다는 것이 가능하다고 생각된다. 그래도 문제를 일으킬 사람을 찾기가 힘들어 월동대원들을 돌려보낸 적도 있다.

초기 월동연구대가 할 일은

우리나라가 상주 기지를 유지하는 가장 큰 이유 가운데 하나는 기지 주변에서 일어나는 자연환경의 변화를 관찰하고 기록하고 훗날 비교하기 위함이다. 그러려면 먼저 새로운 기지의 주변에 대한 정확한 정보를 가지고 있어야 한다. 그러므로 대륙기지 초기 몇 년 동안 월동연구대는 단순히 자신의 연구 분야만 연구하는 수준을 넘어 기지 주변의 자연환경을 특히 잘 관찰하고 빠짐없이 정확하게 잘 기록해야 할 것이다.

정성자료보다는 정량자료의 용도가 훨씬 크기 때문에 될 수 있는 한 관찰 결과를 정량으로 기록해야 한다. 그러므로 적어도 첫해에는 기지 주변의 지형과 얼음과 해안선을 측량할 필요가 있다. 잘 알겠지만, 인공위성 자료와 항공사진은 그대로 용도가 있으며 측량자료는 그 나름의 가치가 있다. 또 숫자가 아니라서 가치가 없는 것은 아니므로 정도를 기록하는 것도 대단히 중요하다.

생물 분야에는 식물과 새, 포유동물과 해양 무척추동물, 미생물이 포함된다. 각 부분마다 그 부분을 전공한 연구원이 월동하면 가장 좋겠지만 그렇지 못할 경우에는 전공 외의 생물도 배우고 연구하려는 마음가짐이 필요하다. 가능하면 일반해양관측도 하고, 해빙海氷이 생기는 과정과 얼고 난 후의 변화, 얼어붙은 바다에 있는 생물과 해양환경, 해빙이 깨어지는 과정도 관찰하여 기록해야 한다. 시간이 가면서 기지 주변의 지형과 지면, 해빙이 변할 것이기 때문에 그에 대한 기초자료로 현재 상태를 이해하고 파악하는 것이 필요하다. 쇄빙선이 기지 가까이 오는 경우 기지 주변의 해빙에 관한 자료도 필요하다.

지진과 지자기 같은 지구물리 분야와 지표면의 온도 변화도 정확히 관찰할 필요가 있다. 고층대기 분야의 관찰과 기록도 소홀히 할 수 없다(저층대기 현상은 당연히 기록하기 때문에 여기에서는 따로 언급하지 않았다).

1995년 3월 31일 창고에서 한 월례 외식 (제8차 월동연구대 조상걸)

1995년 6월 6일 펭귄 군서지 부근으로 간 소풍 (한국해양연구원 소재귀)

1995년 6월 7일 겨울맞이 체육대회를 한 제8차 월동연구대 15명(한국해양연구원 소재귀)

바람, 태양, 기온, 습도, 오로라, 지자기, 고층대기, 오존층, 지면, 눈, 눈보라, 얼음, 바다, 해안선, 해저, 해빙의 결정, 하늘, 식물, 동물은 각각 별개의 것이 아니라 연결되어 있어서 서로 영향을 미친다. 그러므로 이들의 관계를 제대로 알려면 변화들을 하나하나 나누지 말고 복합해서 기록해야 한다. 그런 복합된 기록이야말로 기지 주변 자연의 변화를 조금이라도 실제에 가깝게 알 수 있게 한다는 점에서 대단히 중요하다. 한마디로 봄에서 여름을 거쳐 겨울이 되었다가 다시 봄이 되면서 나타나는 모든 과정을 빠뜨리지 말고 낱낱이

얼어붙은 세종호에서 얼음 축구를 하는 모습(제19차 월동연구대 조환성)

연결하고 종합해서 기록해야 한다.

모든 일이 다 그렇지만, 기지 주변의 자연환경을 관찰하고 기록하는 데에도 무엇보다 마음에서 우러난 열정이 있어야 한다. 그래야 기록도 충실해지고 기록하는 사람도 힘이 들지 않는다. 만약 열정이 스스로 우러나지 않는다면, 책임감을 가지고 노력을 하면 상당히 좋은 결과가 나올 것이라 믿는다. 그러므로 적어도 월동대장은 기지 주변의 환경 변화를 제대로 관찰하고 기록하겠다는 책임감과 사명감을 가져야 한다.

세종기지의 경험으로 보면, 월동대원들은 남극 대륙기지의 대자연이 아무리 가혹해도 어렵지 않게 극복하리라 믿는다. 그러려면 무엇보다 즐겁고 재미있게 생활해야 한다. 곧 개인은 기지의 생활과 기지 주변의 자연에서 기쁨을 찾아야 하며, 기지 대장은 끊임없이 생활환경과 방식을 바꾸어 사람들이 지루하지 않게 생활할 수 있는 분위기를 만들어야 한다. 예를 들면, 실내게임이나 실외운동, 등산이나 외식을 할 기회를 만들어 단조로운 일상생활을 다채롭게 바꾸는 지혜와 노력이 필요하다.

반면에 남극대륙에 대한 막연한 환상이나 낭만이나 꿈 같은 기대는 월동생활에 바람직하지 않다. 남극대륙이 아무리 찬란해도 월동은 사람과 사람이 사는 것이라는 것을 반드시 기억해야 한다.

제 5 장

한눈에 보는

세종기지의 봄 여름 가을 겨울

여기에서는 앞에서 이야기했던 세종기지 주변의 자연환경과 사람들의 활동을 계절에 따라 종합하면서 요약한다. 이제 기지 주변에서 일어나는 자연의 변화와 사람의 활동을 사실에 좀 더 가깝게 머릿속에서 그림을 그릴 수 있고 이해할 수 있을 것이다.

- 세종기지에 봄이 오면
- 남극의 여름에는
- 세종기지에 겨울이 오면

세종기지에 봄이 오면

서양에서는, 잘 알다시피, 9월 22일이 춘분이지만 세종기지 부근에서는 봄이 더 일찍 시작된다. 기지에서 봄을 알리는 신호는 많지만, 그 가운데 하나가 날씨다. 곧 8월 하순에서 9월 초순이면 북서풍이 불기 시작하고, 기온도 가끔 영상으로 올라가 어쩌다가 빗방울이 날리고 눈도 녹기 시작해 땅이 거뭇거뭇 드러나기 시작하면 봄이 온다고 보면 된다. 눈이 녹으면서 지의류와 이끼도 생장을 시작한다.

둘째 신호가 남극제비갈매기의 출현이다. 바다가 얼지 않으면 8월 하순 연회색 날개를 하늘거리며 재재거리는 남극제비갈매기 200~300마리가 나타나 유빙 주변에서 파도에 밀려 유빙 위로 크릴이 올라오기를 기다린다. 무리로 돌아오는 펭귄도 그렇지만 남극제비갈매기도 기지 부근에 처음 떼를 지어 나타났을 때는 신기한 눈으로 사람을 본다는 기분이 든다. 바다가 얼면 남극제비갈매기가 10월 초순에 나타나는 수도 있다. 이는 봄이 늦게 오는 게 아니라 남극제비갈매기가 먹이를 잡을 수 없기 때문이다.

9월이 되면 넬슨 섬에서는 웨들해표가 새끼를 낳기 시작하고 비행기가 들어오면서 사람들의 활동도 활발해진다. 마리안 소만의 유빙 위에는 표범해표가 보이기 시작한다. 사우스셰틀랜드 군도 일대를 떠나지 않은 젠투펭귄은 9월

중순부터 돌아오기 시작해, 바다의 얼음이 깨어지는 틈으로 수백 마리의 젠투펭귄이 나타난다. 젠투펭귄은 9월 하순까지는 군서지로 다 돌아오는데, 둥지를 고치고 짝짓기를 하면서 알을 낳을 준비를 끝내고 빠르면 10월 하순에 알을 낳는다. 이때쯤 자기의 먹이가 돌아왔다는 것을 아는 도둑갈매기도 돌아와 펭귄 군서지에 둥지를 짓기 시작하고, 새를 연구하는 사람이 펭귄의 둥지와 알의 개수를 셀 것이다. 한편 마리안 소만의 표범해표는 점점 늘어나기 시작한다.

춘분이 지나면 태양은 남쪽으로 내려가고 낮도 길어진다. 바다가 얼어붙은 해라면, 바다 얼음 위에 내린 비는 모여서 옥색 물구덩이를 만들기도 한다. 맥스웰 만의 바깥쪽부터 얼음이 갈라지기 시작하여 얼음이 깨어지는 면적이 넓어지면서 바다는 점점 맥스웰 만 안으로 파고든다. 북서풍은 더 자주 불고 눈도 날리지만 겨울 눈보라와는 다르다. 한편 하늘 높은 곳에서는 오존층이 얇아지기 시작해 자외선은 점점 강해진다.

봄이 오면 검은 색깔의 새들이 나타난다. 예컨대, 핀타도페트렐은 9월 중순부터 하순에 먼저 20~30마리가 나타난 다음, 얼마 있다가 수백 마리가 나타나 둥지를 지을 곳으로 흩어진다. 대부분의 핀타도페트렐은 겨울에는 사우

1995년 10월 15일 깨어져나가는 마리안 소만의 해빙. 오른쪽 끝에 있는 봉우리가 위버 반도에 있는 서울봉이다.

스세틀랜드 군도를 떠나 북쪽으로 갔다가 기온이 올라가면 돌아온다. 반면 날씬한 몸매에 하늘을 미끄러지듯이 날아가는 눈페트렐은 10월 하순에 마지막으로 눈에 띈다. 이 새는 기지 부근으로 많이 오지는 않지만 그래도 몇 쌍은 볼 수 있다. 눈페트렐처럼 하얗고 통통한 남극비둘기는, 봄이 오면서 세종기지에서는 보이지 않아도, 군서지 부근 바위틈에다 알을 낳는다. 그러다 도둑갈매기의 눈에 띄면 먹이가 된다.

9~10월은 겨울에서 봄으로 바뀌는 환절기인데 춥지는 않지만 흐리고 바람 부는 날이 많다. 10월의 월평균기온은 영하지만, 기온이 영상인 날에는 눈과 얼음이 녹는다. 눈이 녹은 물이 마리안 소만으로 흘러들면서 바닷물은 부옇게 되고 염분은 낮아진다. 물속에 있는 식물은 식물대로, 동물은 동물대로 생기 있게 봄을 맞이한다.

10월 하순에 수십 마리 정도 나타난 턱끈펭귄은 11월 초순에는 수천 마리로 늘어난다. 11월 초순이면 군서지에서는 수천 마리에서 1만 마리에 가까운 젠투펭귄과 턱끈펭귄이 알을 낳고 품느라 바쁘다. 하순경에는 70~80퍼센트의 젠투펭귄이 알 2개를 낳고, 30~40퍼센트의 턱끈펭귄도 알을 낳는다. 또 하늘을 나는 도둑갈매기를 경계하는 펭귄들의 울음소리로 군서지는 아주 시끄럽다. 11월 초순에는 남방큰풀마갈매기도 하얗고 큼직한 알을 하나씩 낳는다. 갈매기를 비롯해 기지 부근에 있는 거의 모든 새는 이맘때 알을 낳고, 바다에는 고래가 가끔 나타난다.

태양은 점점 남쪽으로 내려가 필데스 해협을 건너 넬슨 섬 위로 진다. 11월이 되면 바람이 불어도 춥다는 생각은 들지 않는다. 11월은 환절기가 어느 정도 지난 뒤라 날씨가 그전보다는 좋다. 북쪽 비탈의 눈은 빨리 녹아 땅이 많이 드러나며 눈 녹은 물도 흐르지 않아 땅바닥은 말라 있다. 해가 떠 있는 시간도 길고 기온도 높으며 수분도 많아 남극좀새풀과 남극개미자리, 이끼와 지의류는 아주 왕성하게 자랄 것이다.

늦은 봄인 11월이면 가끔 브랜스필드 해협을 지나가던 거대한 탁상형 빙산이 남동풍을 받고 맥스웰 만으로 들어온다. 수면 위로 드러난 높이가 30미터면 물속에는 120미터 정도가 잠겨 있는데, 빙산의 윗면은 반듯해도 아래는 파도에 부서져 생긴 것으로 보이는 커다란 동굴이 군데군데 뚫려 있는 빙산도 가끔 보인다. 이런 빙산은 대부분 불어오는 북서풍을 받고 맥스웰 만 바깥으로 흘러나간다.

하루가 다르게 눈과 얼음이 녹아 땅이 드러나는데, 눈과 얼음은 비가 올 때 눈에 띄게 녹는다. 세종봉 주변에는 눈과 얼음이 녹은 물이 폭포처럼 흘러내려 땅바닥을 깊게 깎는다. 이때 기지에서는 현대소에 고인 물을 받아서 마신다.

비행기는 9월부터 들어오고 배는 11월부터 들어오기 시작한다. 기지를 방

1988년 맥스웰 만으로 밀려들어온 탁상형 빙산. 바다 위에 드러나 있는 부분의 4배가 바닷속에 있다.

문한 관광객들은 남극에서 1년을 보낸 사람들이 신기하겠지만 월동연구대원들은 사람들을 만나서 기쁘다. 또 우리도 외국 기지를 찾아가지만 외국 기지에서도 찾아오기 시작한다.

남극에서 사람이 활동하기에는 11월 하순부터 1월 하순까지가 가장 좋다. 낮도 길고 기온도 높으며 날씨도 좋기 때문인데, 세종기지도 예외가 아니다. 빠르면 11월이 끝나기 전에 새를 연구하는 학자가 기지로 오고, 월동연구대원들은 귀국이 몇 달 남지 않아 귀국 준비를 시작한다. 낮이 길어지고 사람의 활동이 늘어나면서 겨울의 긴장도 서서히 사라진다.

남극의 여름에는

남극의 여름은 12월 21일부터지만 11월 중순에서 하순 무렵이면 낮이 아주 길어지고 기온도 영상으로 올라가며 날씨도 좋기 때문에 여름이라는 기분이 든다. 그러나 가끔 날씨가 급변할 때도 있어 조심해야 한다. 이 무렵에는 새벽에 아주 남쪽에서 뜬 태양은 머리 위를 지나 넬슨 섬의 빙원 위로 붉은 황혼을 만들며 오후 늦게 진다.

12월에는 월평균기온이 영상으로 올라가면서 기지 주변에는 눈이 대부분 녹아 맨땅이 드러나고, 세종봉 사면에서 흘러내리는 물의 양도 뚜렷하게 줄어든다. 또 빙벽이 무너져 내리고, 빙원에 박혀 있던 돌덩이가 굴러 내리며, 가끔 무지개도 볼 수 있다. 남반구의 하지인 12월 21일이 지나면 낮이 조금씩 짧아지기 시작한다.

12월에 들어서면 알을 빨리 낳은 젠투펭귄의 알은 부화한다. 눈도 뜨지 못한 새끼는 본능에 따라 어미 품속을 파고들고, 어미 부리 속에 부리를 집어넣어 토해 주는 먹이를 먹으면서 하루가 다르게 자란다. 12월이 끝나기 전에 젠투펭귄은 거의 대부분 부화하며 턱끈펭귄도 부화하기 시작한다. 펭귄 새끼들이 부화하면서 도둑갈매기의 먹이가 되는 펭귄 새끼도 많아진다. 바다가 고요하면 사람들은 낚시를 하거나 그물을 쳐 남극대구를 잡는다. 도미니카갈매

기지 남쪽에 있는 턱끈펭귄(제1차, 제8차 월동연구대 이영재)

갓 깨어난 도둑갈매기 새끼 두 마리

기를 포함하여 기지 부근에서 번식하는 새들을 거의 모두 부화하는 것으로 보인다.

1월의 평균기온은 연중 가장 높고 일교차도 적다. 세종호[1]의 얼음과 녹을 만한 눈은 다 녹아 현대소로 흘러드는 물도 거의 없다. 1월 초순에 도둑갈매기의 새끼도 부화하기 시작하면 어미는 갈색 솜털로 덮인 도둑갈매기 새끼를 흩어놓아 사람의 손길로부터 보호한다. 대개 2마리가 부화하지만 다 어미 도둑갈매기로 성장하는 것은 아니며, 상당수의 새끼가 크면서 사라진다. 젠투펭귄 새끼들은 유치원을 만들어 단체생활의 힘을 배울 것이다. 그러나 도둑갈매기에게 뜯어 먹히는 불운한 펭귄 새끼들도 늘어난다.

2월이 눈이 가장 많이 녹아 땅이 최대로 드러나지만, 추운 해는 2월에도 눈보라가 불기도 한다. 그래도 여름이라 눈보라의 위세는 강하지 않다. 기온이

1. 세종호는 기지에 있는 고구마 모양의 자연호수로 크기는 117×40미터에 깊이는 3미터가 넘는다.

1991년 봄 맥스웰 만에 들어온 탁상형 빙산(1992년 1월 러시아 기지에서 고인이 된 러시아 기지 대장 V. 스테파노프)

영상으로 올라가고 낮도 길어지며, 오존층도 회복되어 식물들도 잘 생장하고, 꽃 피는 식물들은 꽃도 피우고 씨도 맺는다. 2월 17일은 세종기지의 생일이라 별일이 없으면 외국 사람들을 초청하며, 날씨가 좋은 날을 골라 서울봉이나 세종봉에 올라가기도 한다. 2월 하순 도둑갈매기 새끼는 솜털이 거의 없어지고 새까만 깃이 나기 시작하지만 아직 날지는 못한다. 그러다가 다른 도둑갈매기에게 먹히기도 한다. 유치원을 만들었던 펭귄 새끼들은 점점 바닷가로 내려온다. 또 가끔 영하로 떨어지는 기온에 지면과 현대소와 세종호의 수면은 얇게 얼지만, 비가 오면 다시 녹고 빗물은 현대소로 흘러든다.

여름에는 마리안 소만으로 유빙 조각들이 바람에 밀려들어오거나, 브랜스필드 해협을 떠돌던 빙산들이 가끔 바람을 따라 맥스웰 만으로 들어오기도 한다. 또 사람의 활동이 늘어나 배와 비행기가 자주 들어오고, 새로운 월동연구대와 하계연구원들이 머물고, 단순한 기지 구경부터 공동 연구, 기지 검열, 정부 관리와 언론의 기지 취재, 보수 같은 목적을 가진 사람들이 기지를 방문한다. 검열이나 취재는 며칠이면 끝나지만 기지 보수는 여름 한 철이 걸리는 수도 있다. 또 가끔 환자가 생기기도 한다.

3월 하순만 되어도 기온이 영하로 떨어져 현대소로 흘러드는 물줄기가 얼어서 흘러드는 물이 없고, 호수 가장자리는 얼기 시작해서 두께가 15~20센티미터가 되며 중심부는 얇게 언 것이 보인다. 수면은 40~50센티미터 낮아진다. 기지에서 물을 사용했기 때문이기도 하지만, 상당량의 물이 현대소의 바닥으로 새어나가서 그렇다. 이런 것을 보아 물이 빠져나가지 못하도록 현대소의 바닥에 깐 고무판을 접착한다는 게 쉽지 않음을 알 수 있다.

달력대로 한다면 남극의 가을은 3월 21일부터이지만, 3월부터 유난히 흐리고 바람 불어 여름에서 겨울로 옮겨가는 환절기가 시작되기 때문에 남극에 가을이 있다는 생각은 들지 않는다. 그러면서 3월 월평균기온이 영하로 떨어지는 해도 있으며 눈보라도 분다. 또 세종곶 낮은 곳에 있는 늪은 눈으로 하얗게 덮인다. 기온이 영하로 내려가면 내린 눈은 녹지 않지만 어쩌다 기온이 영상으로 올라가고 비라도 오면 녹는다. 추운 날에는 남극물개가 기지 해안에 나타난다. 어미와 크기가 같아진 펭귄 새끼들은 털갈이를 끝내고 물속에 들어갈 준비를 하고, 이맘때면 도둑갈매기 새끼들도 어미 곁을 떠난다.

세종기지에 겨울이 오면

4월이 되면 밀물에 해안으로 밀려들어온 얼음덩어리가 썰물에 바깥으로 나가지 못하고 얼어붙는다. 해안을 따라 늘어서 있는 크고 작은 얼음덩어리들은 마치 무너진 성벽처럼 보이는데, 눈이 오면 이 얼음 성벽은 점점 두꺼워진다. 여름이 끝나면서 배와 비행기의 운행과 기지를 찾는 사람들의 발길이 눈에 띄게 줄어든다.

4월, 기온이 영하로 떨어지고 잔잔한 바다의 수면이 부옇고 걸쭉하게 되면 겨울이 눈앞에 왔음을 알 수 있다. 물이 빠진 조간대 바닥이 미끈거리고 부옇게 얼기 시작한다. 기지 주변이 점점 눈으로 덮이면 온몸이 하얀 남극비둘기가 나타나고 남극물개는 20마리가 넘는 가족을 데리고 나타난다. 늦게 깨어났다고 생각되는 도둑갈매기 새끼도 나는 연습을 하며 떠날 준비를 한다.

기온이 영하로 떨어지면서 얼기 시작한 현대소와 세종호의 얼음은 점점 두꺼워져 스케이트를 탈 수 있을 정도가 되고, 4월 하순이면 눈으로 덮인 식물들은 생장을 끝내지는 않아도 많이 줄어들 것이며, 턱끈펭귄은 군서지를 떠난다. 하순 들어 기온이 내려가 바닷물이 방수복에서 굴러 내리지 않고 얼어붙으면 겨울이 왔음을 실감하게 되고, 앞으로 긴 겨울을 어떻게 헤쳐 나갈 것인가 하는 두려움이 들기도 한다. 4월부터는 눈보라도 불기 시작해 3월과는 분

세종곶에서 본 기지와 세종봉

명히 달라졌음을 실감할 수 있다.

5월 초순경에는 눈페트렐이 나타나고, 남극제비갈매기와 핀타도페트렐은 점점 줄어들기 시작한다. 호기심이 많은 남방큰풀마갈매기는 하루에 한 번 기지와 사람들을 정찰이라도 하듯 기지 위 하늘을 비행한다. 현대소는 눈과 눈이 뒤섞인 물, 얼음으로 80센티미터 정도 덮이고 세종호의 얼음 두께도 20센티미터가 넘는다. 기온이 영상으로 올라가고 비라도 오면 눈도 녹고 현대소도 물로 가득 차지만, 비가 그치면 물이 아래로 빠져 수면은 금방 낮아진다.

환절기라 날씨가 좋지 않은 3월과 4월이 지나고 5월이 되면 오후 4~5시만 되어도 컴컴해질 정도로 낮이 짧아지지만 날씨는 좋아진다. 이 무렵이면 오후에는 서둘러 기지로 돌아와야 하지만 세종봉에 올라가 북동쪽으로 펼쳐지는 하얀 눈으로 덮인 빙원을 보면 탄성이 절로 나온다. 해안의 얼음덩어리들

1995년 한겨울 우루과이 기지의 북동쪽 빙원 위로 지는 태양의 황혼 (제8차 월동연구대 이정수)

은 눈에 덮이고 덩어리 사이의 물이 얼어 해안이 더 단단해 보인다. 여름부터 간간이 약하게 불던 동남동풍은 겨울이 되면 가혹한 눈보라가 되어 수십 시간을 몰아쳐 국기 게양대가 거의 묻힐 정도로 눈이 많이 쌓이기도 하며, 지형을 분간하기 힘들 정도가 된다.

6월이 되면 해는 아주 짧아지고 세종곶에서는 조간대 바닥에 앵커 아이스가 생겨 겨울이 되었음을 느끼게 해 준다. 해안에 가까운 곳부터 얼기 시작하는데 먼 바다에서 물이 출렁거리는 게 신기하다. 또 얼어붙은 세종호는 바닥 자갈 틈으로 물이 빠져나가면서 수면의 얼음 무게로 호수면이 깨어져 내려앉는다. 추운 해는 6월 중순만 되어도 마리안 소만은 팬케이크처럼 둥글둥글한 얼음이 생기면서 얼기 시작한다. 하순이 되면 앵커 아이스는 더 넓어지고 마리안 소만의 살얼음도 더 넓어지고 더 두꺼워진다. 6월은 5월처럼 맑은 날이 많고 낮도 짧지만 평균기온은 5월에 비해 아주 낮다.

해안과 바다가 얼어붙은 세종기지의 한겨울

3월 21일부터 북쪽으로 옮겨 가기 시작한 태양은 6월 21일 가장 북쪽에서 떠서 몇 시간 후 가장 북쪽으로 진다. 동지가 되면 남극에 상주 기지를 가진 나라들의 원수나 남극전문연구기관의 책임자들은 축전을 보내 월동연구대원들을 격려하며 기지에서는 잔치를 벌인다. 남극의 동지는 밤이 가장 긴 대신, 동지를 지나면 밤이 짧아지고 낮이 길어지기 시작하므로 새로운 희망이 생기고, 동지까지 긴 시간을 잘 견뎌준 월동연구대원들이 고맙기 때문이다.

기온이 낮은 해에는 7월 초순만 되어도 마리안 소만은 두께 10센티미터 정도로 언다. 그러다가 바람에 깨어져 얼음조각들이 해안에 겹겹이 쌓이기도 한다. 또 눈에 덮이고 얼면서 얼음이 점점 두꺼워져서 한가운데가 가장 얇은 곳도 50~60센티미터는 된다. 또 젠투펭귄은 수십 마리에서 수백 마리가 무리를 지어 군서지를 떠나지만 아주 멀리 가지는 않고 남극반도의 끝부분에 머문다. 기지에서는 한겨울에도 모여 있는 젠투펭귄을 가끔 볼 수 있다. 범고래

기지를 찾아온 젠투펭귄들. 젠투펭귄은 한겨울에도 기지 부근에 있다.

도 떠 있는 유빙 틈으로 얼굴을 내밀며, 자이언트페트렐과 도미니카갈매기가 눈에 띈다. 7월 중순만 되어도 낮이 짧다는 생각이 들지 않을 정도로 낮이 길어지고 태양은 천천히 남쪽으로 내려간다. 7월은 6월과 비슷하게 맑은 날이 많은데, 맑은 날을 골라 가까운 봉우리를 올라가거나 스키를 탄다. 7월은 한겨울이라 월평균기온이 −12.0°C인 해(1995년)도 있으며, 21년 동안 월평균기온은 7월이 −5.5°C로 연중 가장 낮다.

8월에 들어서면 날씨가 좋아 등산이나 소풍을 가기도 한다. 눈이 많이 쌓이고 기온은 낮아도 옷을 잘 입으면 춥다는 생각은 들지 않는다. 8월은 기온은 낮아도 날씨가 안정되어 맑은 날이 오래 계속되기도 한다. 낮도 길어져 낮이 밤보다 짧다는 생각은 들지 않는다. 식물들은 두껍게 쌓여 얼어붙은 얼음 아래서 날이 풀리기만 기다리고, 기지 부근에 남아 있는 가마우지와 갈매기, 자이언트페트렐 같은 새들이 눈에 띈다. 사람들은 한겨울 얼어붙은 바다의 얼음을 깨고 바다낚시를 하거나 스키를 타기도 하며, 스키두를 타고 외국 기지나 흥미로운 곳을 찾아간다.

4월부터 시작되는 겨울 폭풍설은 폭풍설다워서 6월 들어 아주 심해지며, 기온이 -20°C 아래로 떨어지고 풍속은 초속 30미터가 넘는다. 또 20~30미터 앞이 보이지 않고 50시간 넘게 폭풍설이 계속되면 식당에 가는 것 말고는 연구동이나 사무실을 벗어날 일이 없다. 겨울 들어 폭풍설은 더욱 잦아지고 위력이 더욱 세지며 오래가지만, 폭풍설이 끝나면 찬란한 태양이 떠올라 남극의 아름다움을 더해 준다. 또 겨울은 기온이 낮은 대신, 여름과 달리 날씨가 안정된다.

바다가 어는 경우에는 맥스웰 만 한가운데 얼음 위에서 수백 마리의 남극물개와 해표가 모여서 시간을 보내는 해도 있다. 8월은 겨울에 속하지만, 해에 따라서 하순에는 북서풍이 불고 새들도 나타나 봄이 가까이 왔음을 알려준다. 7월과 8월이 한겨울이라도 필요하면 비행기가 들어오고 날씨가 좋으면 칠레 기지의 헬리콥터가 날아다닌다.

참고문헌

강성호 · 강재신 · 최정은 · 주형민(2004), 「2003 남극 킹조지섬 마리안소만 표층수 미세조류의 계절적 변동」, 『남극 세종기지 주변 인간활동으로 인한 환경변화 모니터링』, 한국해양연구원, ECPP 03102, pp. 43-64.

강성호 · 주형민 · 송환석 · 최문영(2007), 「2006 남극 킹조지섬 마리안소만 표층수 미세조류의 계절적 변동」, 『남북극 기지주변 환경변화 모니터링』, 한국해양연구원 부설 극지연구소, BSPE 06040-44-12, pp. 43-71.

과학기술처(1990), 「제1차 대한민국 남극과학연구단 월동조사대 보고」, BSPE 00160-279-7, p. 313.

과학기술처(1992), 「제4차 대한민국 남극과학연구단 월동보고」(1990년 12월~1992년 1월), p. 664.

과학기술처(1993), 「제5차 대한민국 남극과학연구단 월동보고」(1991년 12월~1992년 12월), BSPN 0021-1-678-7, p. 737.

과학기술처(1995), 「제7차 대한민국 남극과학연구단 월동보고」(1993년 12월~1994년 11월), BSE520L50 840-7, p. 898.

김동욱(1990), 「남극 세종기지 건설기」, 『한국극지연구』 1(2), 51-67.

김용권 · 백원대(1995), 「세종기지 주변 수심 및 육상측량(II)」, 『남극환경 특성 및 보존에 관한 연구』, 과학기술처, BSPN 00258-822-7, pp. 825-846.

신형철 · 김수암(1994), 「세종기지부근에 번식하는 친스트랩펭귄의 잠수행동」, 『남극환경 및 자원탐사기술』, 과학기술처, BSPN 00221-702-7, pp. 665-679.

안인영(1994), 「남극 큰띠조개 *Laternula elliptica*(이매패강 : 띠조개과)의 생태 및 생물학적 특성」,『한국패류학회지』10(2), 41-46.
유규철·윤호일·오재경·강천윤·김부근(2000),「유빙이 점유한 남극 마리안 소만의 하계기간 수층구조와 부유물질 분산」, *The Sea* 5(4), 295-304.
윤무부(1990),「세종기지주변에서의 조류관찰」,『남극과학기지 주변환경조사(제3차연도)』, 과학기술처, BSPG 00111-317-7, pp. 433-459.
윤석순 외(2008),『희망의 대륙 남극에 서다』, 휘즈프레스, p. 349.
장순근(1997),「남극 세종기지부근의 지면의 특성」,『한국지구과학회지』18(5), 443-449.
장순근(1999),「남극 세종기지 부근에 출현하는 조류(鳥類)」, *Bull. Kor. Inst. Orni.* 7(1), 19-35.
장순근(1999),「남극 세종기지 부근에 출현하는 펭귄」, *Ocean Research* 21(2), 137-147.
장순근(1999),『야! 가자, 남극으로』, 창비, p. 179.
장순근(2004),『남극탐험의 꿈』, 사이언스북스, p. 310.
장순근(2004),「남극 세종기지에서 추운 해와 덜 추운 해에 관찰된 펭귄들의 생태에 관한 1차보고」, *Ocean and Polar Research* 26(1), 87-101.
장순근(2007),『가자! 신비한 남극과 북극을 찾아서』, 교학사, p. 55.
장순근·윤호일(2000),「서남극 킹조지섬 마리안소만의 홀로세 빙해양 퇴적작용」,『한국지구과학회지』21(3), 276-286.
장순근·윤호일·정호성(1998),「지구온난화와 서남극 남쉐틀랜드군도 킹조지섬의 최근 빙벽후퇴」,『한국지구과학회지』19(1), 101-106.
장순근·이종익·최문영·허순도(2003),「남극반도부근 킹조지섬 세종기지 주위의 지질」,『지질학회지』39(2), 271-286.
전용문·김승범·최문영·손영관(2009),「남극 킹조지섬 바톤반도에 나타나는 구조토의 특징과 성인」,『지질학회지』45(1), 29-46.
전희영·장순근·이종익(1994),「킹조지섬 바톤반도의 세종기지 주변에서 산출되는 식물화석과 그 층서」,『한국고생물학회지』10(1), 69-82.
정호성·이방용·장순근·김지희·김예동(2004),「세종기지 주변에서 관찰된 빙벽후퇴와 바다결빙」, *Ocean and Polar Research* 26(1), 1-10.

한국기상학회 웹사이트(http://www.komes.or.kr).

한국해양연구원(2002), 「대한민국 제14차 남극과학연구단 월동보고」(2000년 11월~2001년 12월), p. 677.

해양수산부(1997), 「대한민국 제8차 남극과학연구단 월동보고」(1994년 11월~1995년 12월), BSE52001-982-7, p. 553.

Ahn, I. Y. (1994), Ecology of the Antarctic Bivalve *Laternula elliptica* (King and Broderip) in Collins Harbor, King George Island: Benthic Environment and an Adaptive Strategy, *Mem. Natl. Inst. Polar Res.*, Spec. Issue 50, 1-10.

Aikin, A. C., M. L. Chanin, J. Nash, and D. J. Kendig (1991), Temperature trends in the lower mesosphere, *Geophy. Res. Lett.* 18, 416-419.

Argentina (1984), Demografia Antartica Argentina, *Antartida* 13, 60-64.

Argentina (1987), Descubrimiento de al Antartida, *Antartida* 15, 32-49.

Bonner, W. N. and D. W. Walton (1985), Birds and Mammals-Introduction, in W. N. Bonner and D. W. Walton (eds.), *Key Environments Antarctica*, Pergamon Press, p. 201-222.

Chewdorzewska, K. J., I. Gielwanowska, E. Szczuka, and A. Bochennek (2008), High anatomical and low genetic diversity in *Deschampsia antarctica* Desv. from King George Island, the Antarctic, *Polish Polar Research* 29(4), 377-386.

Ciaputa, P. and J. Sicincski (2006), Seasonal and annual changes in Antarctic fur seal (*Arctocephalus gazella*) diet in the area of Admiralty Bay, King George Island, South Shetland Islands, *Polish Polar Research* 27(2), 171-184.

Day, T. A., C. T. Ruhland, and F. S. Xiong (2001), Influence of solar ultraviolet-B radiation on Antarctic terrestrial plants: results from a 4-year field study, *J. of Photochemistry and Photobiology* B: 62, 78-87.

Dewart, G. (1989), *Antarctic Comrades*, The Ohio State University Press, Columbus, p. 194.

Etkin, W. (1971), *Social Behavior from Fish to Man*, The University of Chicago Press, p. 205.

Gould, L. M. (1931/1984), *The Cold*, Carlton College, p. 213.

Hong, S., C. Y. Kang, and J. Kang (1999), Lichen Biomonitoring for the Detection of Local Heavy Metal Pollution around King Sejong Station, King George Island, Antarctica, *Korean Journal of Polar Research* 10(1), 17-24.

Hooper, M. (2007), *The Ferocious Summer, Palmer's Penguins and the Warming of Antarctica*, Profile Books, p. 299.

Lastovicka, J., R. A. Akmaev, G. Beig, J. Bremer, and J. T. Emmert (2006), Global change in the Upper Atmosphere, *Science* 314, 1253-1254.

Loeb, V., V. Siegel, O. Holm-Hansen, R. Hewitt, W. Fraser, W. Trivelpiece, and S. Trivelpiece (1997), Effects of sea-ice extent and krill or salp dominance on the Antarctic food web, *Nature* 387, 897-900.

May, J. (1988), *The Greenpeace Book of Antarctica*, Dorling Kindersley Ltd., London, p. 192.

Park, B. K., S. K. Chang, H. I. Yoon, and H. Chung (1998), Recent retreat of ice cliffs, King George Island, South Shetland Islands, Antarctic Peninsula, *Annals of Glaciology* 27, 633-635.

Random House (2001), *The Complete Story of Antarctica*, New Zealand, p. 608.

Reader's Digest (1985), *Reader's Digest Antarctica*, p. 320.

Ruddiman, W. F. (2003), The Anthropogenic greenhouse era began thousands of years ago, *Climate Change* 61, 261-293.

Takahashi, A., N. Kokubun, Y. Mori, and H.-C. Shin (2008), Krill-feeding behaviour of gentoo penguins as shown by animal-borne camera loggers, *Polar Biology* 31, 1291-1294.

Yoon, H. I., B.-K. Park, E. W. Domack, and Y. Kim (1998), Distribution and dispersal pattern of suspended particulate matter in Maxwell Bay and its tributary, Marian Cove, in the South Shetland Islands, West Antarctica, *Marine Geology* 152, 261-275.

Yoon, Y. J. (2006), Atmospheric Particle Formation Events Observed at the King Sejong Station, Antarctica, presented at the SCAR Symposium held in July 2006, Hobart Tasmania, Australia.

부록

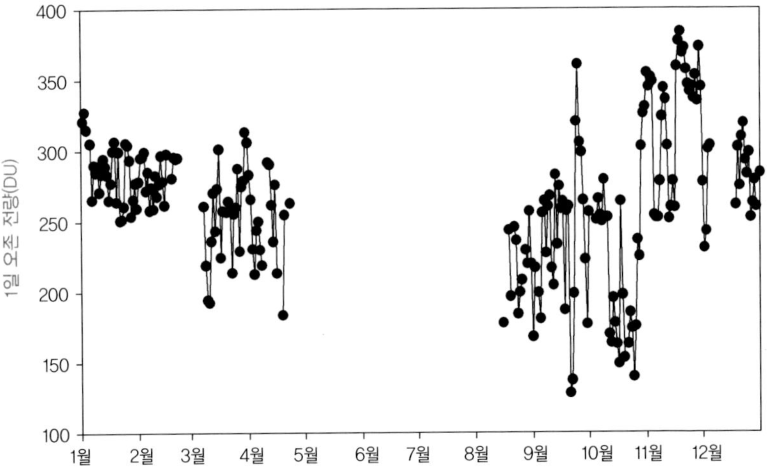

그림 1. 2001년 기지에서 측정한 1일 오존 전량. 4월 하순부터 8월 중순까지는 측정하지 못했음(극지연구소).

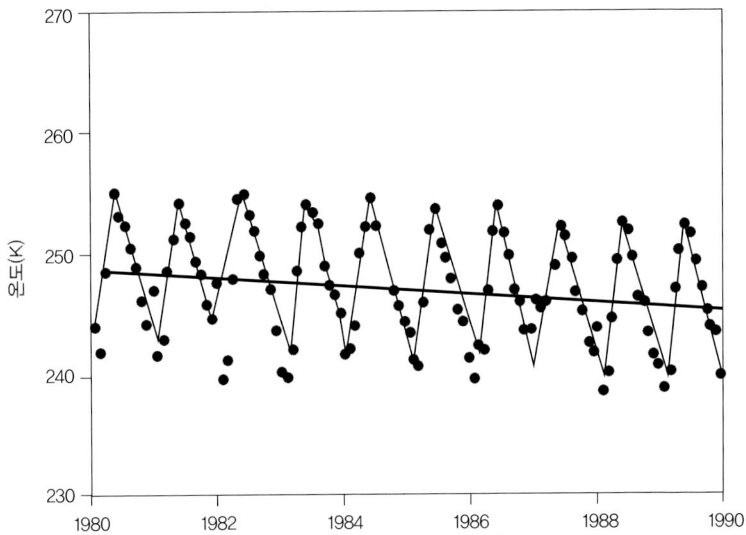

그림 2. 지상 60킬로미터 상공의 1980년부터 1990년 사이의 온도 변화(Aikin 외, 1991)

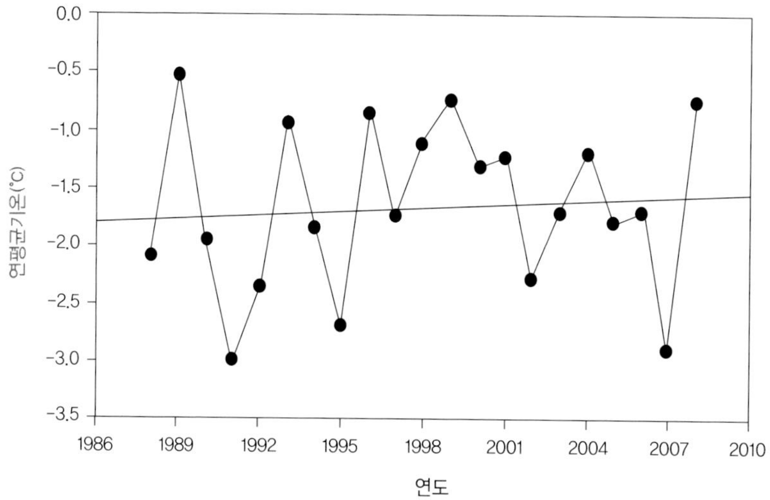

그림 3. 남극 세종기지의 연평균기온 변화(극지연구소 채남이 정리)

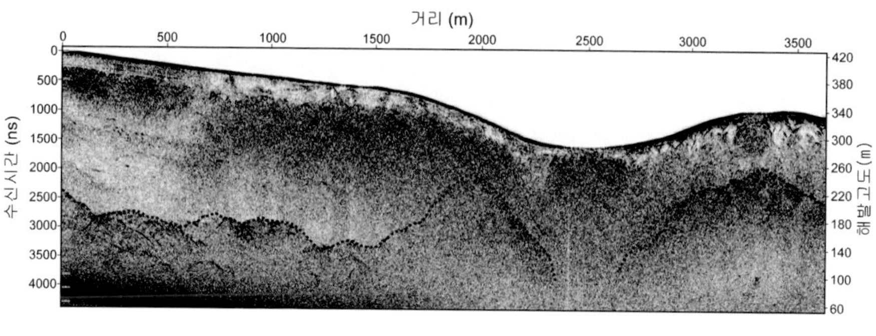

그림 4. 얼음 아래의 지층 단면도. 지형이 상당히 험하다. (강원대학교 김기영)

표 1. 폭풍설이 분 시간

(단위: 시간)

연도	1월	2월	3월	4월	5월	6월	7월	8월	9월	10월	11월	12월	전체
1988	–	–	43.7	–	23.5	252.0	48.0	70.5	37.5	64.0	10.0	–	549.2
1989	–	–	6.8	72.8	1.0	58.7	–	13.2	35.2	17.7	5.0	18.2	228.5
1990	3.0	–	7.5	94.0	17.5	8.0	70.0	50.0	6.0	30.5	–	–	286.5
1991	–	69.2	29.0	52.8	74.8	52.0	68.0	35.7	12.3	31.0	–	–	424.8
1992	0.4	–	–	12.2	38.2	27.8	10.5	29.5	6.0	5.5	–	–	130.1
1993	–	5.8	2.8	41.1	23.3	41.1	–	21.7	7.0	–	5.2	–	147.9
1994	–	–	–	50.6	13.0	6.2	48.3	4.3	7.2	20.7	–	–	150.3
1995	–	–	10.9	12.9	52.8	27.7	130.8	18.3	3.8	–	–	–	257.3
1996	–	–	–	14.2	34.8	24.3	16.2	19.8	16.3	1.8	–	20.8	148.3
1997	–	–	–	13.3	–	36.2	17.3	21.3	19.1	43.6	28.5	–	179.2
1998	–	–	1.5	–	–	3.5	105.8	126.8	41.3	15.5	–	1.8	296.2
1999	–	–	–	–	–	63.7	29.4	28.8	32.9	7.5	–	–	162.3
2000	–	–	49.1	–	12.5	5.4	28.5	47.3	25.6	17.2	–	–	185.6
2001	11.5	–	9.6	13.5	19.4	24.6	6.9	–	–	–	–	–	85.5
2002	–	–	3.5	6.7	130.5	106.7	62.5	–	61.5	107.3	–	–	478.7
2003	14.9	19.9	14.2	20.1	20.8	130.7	70.3	20.1	7.0	39.4	14.2	40.9	412.5
2004	13.4	–	46.6	52.8	13.7	9.8	34.0	52.0	55.3	4.3	–	7.2	289.1
2005	10.0	4.0	17.0	10.1	11.3	82.3	15.5	–	23.5	–	16.3	–	190.0
2006	–	12.4	3.2	25.4	6.1	–	38.7	67.5	21.5	3.2	3.2	17.2	198.4
2007	8.2	6.0	15.3	109.1	23.0	68.0	39.2	52.3	13.2	61.4	19.0	–	414.7
2008	–	–	–	–	–	23.3	6.0	–	–	–	–	–	29.3
평균	2.9	5.6	12.4	28.6	24.6	50.1	40.3	32.3	20.6	22.4	4.8	5.1	249.8

표 2. 체감온도

풍속			실제온도																
m/sec	KPH	MPH	20	16	12	10.0	4.4	−1.1	−6.7	−12.2	−17.8	−23.3	−28.9	−34.4	−40.0	−45.6	−51.1	−56	−60
			체감온도																
−	−	Calm	20	16	12	10.0	4.4	−1.1	−6.7	−12.2	−17.8	−23.3	−28.9	−34.4	−40.0	−45.6	−51.1	−56	−60
2.6	9.3	5	18	14	9	8.9	2.8	−2.8	−8.9	−14.4	−20.6	−26.1	−32.2	−37.8	−43.9	−49.4	−55.6	−67	−71
5.1	18.5	10	16	11	5	4.4	−2.2	−8.9	−15.6	−22.8	−29.4	−36.1	−43.3	−50.0	−56.7	−63.8	−70.6	−84	−89
7.7	27.8	15	14	9	3	2.2	−5.6	−12.8	−20.6	−27.8	−37.8	−42.8	−50.0	−57.8	−65.0	−72.8	−80.0	−94	−99
10.3	37.0	20	13	7	1	0.0	−7.8	−15.6	−23.3	−31.7	−39.4	−47.2	−55.0	−63.3	−71.1	−78.9	−86.7	−101	−107
12.9	46.3	25	13	7	0	−1.1	−8.9	−17.8	−26.1	−33.9	−42.2	−50.6	−58.9	−66.7	−75.6	−83.3	−91.7	−105	−112
15.4	55.6	30	12	6	−0	−2.2	−10.6	−18.9	−27.8	−36.1	−44.4	−52.8	−61.7	−70.0	−78.3	−87.2	−95.6	−109	−115
18.0	64.8	35	12	6	−1	−2.8	−11.7	−20.0	−28.9	−37.2	−45.0	−55.0	−63.3	−72.2	−80.6	−89.4	−98.3	−111	−117
20.6	74.1	40	12	5	−1	−3.3	−12.2	−21.1	−29.4	−38.3	−47.2	−56.1	−65.0	−73.3	−82.2	−91.1	−100.0	−112	−118
⋮	⋮	⋮																	
풍속 시속 40마일 이상에서는 큰 차이 없음.			옷을 잘 입으면 위험이 없음.							위험이 증가함. 5~10분 이내에 동상에 걸릴 위험이 있음.			위험이 대단히 큼. 노출된 피부는 1분 이내에 동상에 걸릴 위험이 있음.						

표 3. 최대풍속 (단위: 미터/초)

연도	1월	2월	3월	4월	5월	6월	7월	8월	9월	10월	11월	12월	평균
1988	30.0	12.8	31.9	28.7	29.5	36.3	37.1	29.0	30.6	30.7	28.6	43.3	30.7
1989	38.0	33.7	38.9	29.4	32.5	33.3	33.4	33.9	27.9	36.0	25.6	28.9	32.6
1990	32.0	28.2	45.2	33.4	37.7	46.6	30.9	36.9	29.4	35.1	33.8	22.8	34.3
1991	25.0	33.0	31.3	33.2	36.1	35.0	37.0	33.9	46.6	33.8	30.2	28.9	33.7
1992	26.7	31.0	25.6	34.9	37.4	34.3	35.3	33.1	34.1	31.3	27.0	37.9	32.4
1993	25.0	29.8	28.3	33.7	34.9	30.3	33.7	30.5	35.7	30.0	36.7	30.0	31.6
1994	36.0	30.4	33.1	31.5	26.0	27.4	27.1	39.2	36.4	28.4	31.4	30.2	31.4
1995	30.9	31.9	30.5	38.5	29.4	33.7	41.6	44.5	34.0	29.0	27.0	30.7	33.5
1996	28.9	26.0	28.7	26.1	40.3	28.8	39.6	29.4	33.4	32.7	33.5	28.3	31.3
1997	30.1	31.2	29.1	35.1	28.3	33.4	31.6	28.7	34.1	33.8	25.6	23.9	30.4
1998	20.8	22.6	27.0	39.8	30.7	33.0	31.1	34.6	39.6	28.0	28.6	24.5	30.0
1999	27.1	35.9	30.5	34.6	29.7	33.6	33.0	32.4	38.6	35.1	27.7	30.7	32.4
2000	22.9	29.3	31.1	32.2	27.3	46.5	39.7	37.7	33.1	35.8	28.9	38.8	33.6
2001	29.9	31.5	29.3	30.6	30.7	35.0	29.4	39.7	41.4	33.8	35.4	36.9	33.6
2002	33.1	35.5	31.3	30.3	30.1	33.4	40.6	31.2	37.4	41.2	34.7	33.9	34.4
2003	37.4	30.7	37.7	29.8	30.2	41.6	37.3	49.5	35.1	33.8	31.8	28.3	35.3
2004	24.6	35.5	27.3	35.4	38.8	26.6	36.8	37.7	40.2	27.3	33.2	30.4	32.8
2005	25.1	28.2	30.4	37.6	26.5	34.3	29.9	32.7	35.6	25.6	29.4	21.1	29.7
2006	27.2	31.4	37.5	35.5	34.8	41.9	30.0	37.7	41.3	35.8	31.0	34.0	34.8
2007	25.9	27.4	31.6	39.3	37.0	34.9	39.6	40.1	30.9	29.5	25.0	24.8	32.2
2008	30.9	33.3	38.6	50.0+	32.7	36.7	44.6	32.3	29.0	32.2	29.1	29.7	34.9
최대	38.0	35.9	45.2	50.0+	40.3	46.6	44.6	49.5	46.6	41.2	36.7	43.3	
평균	28.9	30.0	32.1	34.3	32.4	35.1	35.2	35.5	35.4	32.3	30.2	30.4	

표 4. 강수량 (단위: 밀리미터)

연도	1월	2월	3월	4월	5월	6월	7월	8월	9월	10월	11월	12월	합계
1988	29.2	63.6	24.9	3.7	0.4	1.0	0.3	8.8	20.0	29.0	10.9	41.1	232.9
1989	16.1	68.8	49.2	18.9	15.2	9.1	16.5	11.0	12.0	17.2	25.3	13.9	273.2
1990	28.3	34.8	41.0	31.1	27.1	3.9	5.0	80.0	25.6	55.9	16.7	16.7	366.1
1991	60.4	88.6	48.6	100.9	43.8	34.6	10.7	19.6	31.9	29.6	56.2	12.2	537.1
1992	27.3	23.2	14.2	63.5	2.6	1.6	2.2	4.2	4.0	22.2	4.0	58.4	227.4
1993	19.6	15.6	28.5	99.5	82.5	65.9	28.3	68.5	55.9	34.3	49.9	23.0	571.5
1994	64.3	56.8	49.6	32.7	17.0	12.0	15.9	9.2	16.2	16.0	29.4	10.4	329.5
1995	77.1	54.6	98.6	82.6	89.4	59.5	146.8	58.5	22.3	25.3	25.0	40.1	779.8
1996	90.5	62.5	65.5	69.9	29.2	54.3	76.7	53.9	37.7	25.3	31.6	74.3	671.4
1997	48.4	52.4	38.9	51.9	21.3	49.9	28.4	14.7	2.8	47.6	34.0	7.0	397.3
1998	84.4	26.3	70.8	58.5	10.9	46.9	84.3	8.1	11.3	16.2	22.4	27.4	467.5
1999	19.5	27.6	43.1	42.2	27.4	61.3	47.6	45.5	73.4	39.3	39.1	37.5	503.5
2000	73.3	74.0	101.7	84.5	43.7	21.8	22.4	18.1	7.7	16.0	7.2	27.2	497.6
2001	66.7	67.0	63.5	47.4	37.8	46.2	36.8	34.9	29.2	87.1	41.9	37.1	595.6
2002	97.3	64.3	48.6	57.6	47.5	27.6	44.5	17.7	49.1	22.0	23.2	44.4	543.8
2003	43.2	129.1	77.4	40.4	30.8	14.6	25.7	69.6	19.5	53.1	37.6	116.3	657.3
2004	60.3	30.0	100.8	44.2	32.5	21.7	32.2	52.5	63.2	29.9	40.2	69.1	576.6
2005	55.1	142.9	105.8	83.8	14.9	30.5	14.8	16.5	45.6	40.2	41.5	5.6	597.2
2006	20.0	66.1	75.1	117.8	34.8	10.3	1.7	7.8	8.9	29.1	5.3	39.5	416.4
2007	42.0	14.0	25.6	100.5	1.1	20.8	24.4	17.8	22.4	58.1	29.7	22.0	378.4
2008	39.5	21.1	60.4	44.5	10.0	2.3	2.8	1.5	2.1	14.4	10.6	11.4	220.6
평균	50.6	56.3	58.7	60.8	29.5	28.4	31.8	29.4	26.7	33.7	27.7	35.0	468.6

표 5. 세종기지의 월평균기온(℃)과 마리안 소만과 맥스웰 만의 결빙

연도	1월	2월	3월	4월	5월	6월	7월	8월	9월	10월	11월	12월	연평균
1988	2.8	2.3	−0.1	−1.1	−1.9	−7.3	−4.8 ***	−8.4 **	−3.2 **	−2.6	−1.1	0.5	−2.1
1989	1.5	2.4	2.3	−4.8	−0.9	−2.0	−0.7	−2.1	−3.0	−0.6	0.2	1.4	−0.5
1990	2.3	2.7	1.1	−4.9	−4.9	−4.2	−5.4	−5.3 *	−2.7 **	−1.9	−0.8	0.7	−1.9
1991	2.2	0.8	−0.2	−2.4	−7.2	−8.8 *	−6.5 **	−6.6 ***	−2.9 *	−3.5	−0.8	−0.2	−3.0
1992	1.8	0.8	−1.1	−0.7	−8.0 *	−7.7 **	−7.2 ***	−4.1 ***	−2.1 *	−2.5	−0.1	2.6	−2.3
1993	2.0	2.2	0.4	−0.8	−2.1	−3.6	−2.8	−3.2	−3.0	−1.4	0.2	0.8	−0.9
1994	2.2	1.6	1.1	−1.0	−3.6	−3.4	−10.3	−3.3 *	−2.9	−5.0	1.0	1.5	−1.8
1995	2.6	2.3	0.3	−1.2	−2.1	−6.2	−12.0 **	−10.3 ***	−5.6 ***	−0.8 *	−0.5	1.3	−2.7
1996	2.0	2.7	1.5	1.0	−2.1	−4.8	−3.4	−3.6	−1.4	−1.3	−0.1	1.1	−0.7
1997	1.9	2.2	−0.3	−1.3	−1.1	−4.4	−5.9	−4.4	−6.6	−2.7	−2.0	1.2	−2.0
1998	2.8	2.4	1.3	1.1	−1.4	−0.4	−4.9	−6.5 *	−7.3 **	−1.4	0.0	1.0	−1.1
1999	2.2	2.2	1.8	1.1	−0.3	−3.5	−3.1	−5.0 *	−5.0 *	−1.3	0.5	1.5	−0.7
2000	1.6	1.9	0.8	0.0	−1.5	−2.0	−3.0	−6.4 *	−5.8	−1.5	0.5	0.6	−1.2
2001	1.8	0.7	0.2	−2.8	−0.9	−5.0	−6.1	−2.3	−2.0	−0.4	0.3	0.6	−1.3
2002	2.4	2.5	0.3	0.5	−6.0	−8.9	−6.5 *	−4.1	−2.6	−5.3	−0.7	1.0	−2.3
2003	2.1	2.1	−0.2	−0.6	−2.5	−7.7	−5.4 *	−1.9 *	−2.3	−2.1	−1.4	−0.7	−1.7
2004	1.7	1.7	1.0	−0.8	−2.2	−2.7	−3.3	−4.0	−3.6	−2.2	0.2	0.8	−1.2
2005	1.6	2.0	0.2	−1.3	−3.6	−7.5	−5.7 *	−3.9 *	−2.6	−1.2	−0.1	0.6	−1.8
2006	2.8	2.5	2.7	0.4	−0.6	−3.9	−4.0	−8.3 *	−4.5	−8.0	−0.2	1.3	−1.7
2007	2.1	1.9	−0.8	−4.0	−4.4	−7.1	−11. 4 **	−5.2 ***	−3.0 **	−2.6	−1.3	1.0	−2.9
2008	1.7	2.2	0.9	−1.6	−1.5	−3.3	−3.2	−4.5	−0.7	−0.7	0.2	1.3	−0.8
월평균	2.2	2.0	0.7	−1.4	−2.8	−5.0	−5.5	−4.9	−3.5	−2.4	−0.3	1.0	−1.7

결빙과 해빙

- (실선 상자) 해빙 최저온도(−2.5℃)
- (점선 상자) 결빙과 해빙 반복

마리안 소만 결빙

- (연노랑) 일부 지역과 일시(수 일) 결빙(*)
- (연파랑) 거의 전부 결빙되고 보름 이상 결빙(**)
- (파랑) 전 지역이 계속해서 결빙(***)

비고) *, **, *** : 맥스웰 만 결빙

찾아보기

[ㄱ]

[ㄴ]

[ㄷ]

[ㄹ]

[ㅁ]

[ㅂ]

[ㅅ]

[ㅇ]

[ㅈ]

[ㅊ]

[ㅋ]

[ㅌ]

[ㅍ]

[ㅎ]

Abstract

Natural Environments around King Sejong Station, King George Island, West Antarctica

by Dr. Soon-Keun CHANG

Scientist Emeritus, Korea Polar Research Institute,

Korea Ocean Research and Development Institute, KOREA

skchang@kopri.re.kr

This paper describes the natural environments of King Sejong Station established on February 17, 1988 by the Korea Antarctic Research Program. King Sejong Station is the first Korean Antarctic research station since the first krill catch and general oceanographic survey in the Southern Ocean off Enderby Land and Wilkes Land organized by Korean in 1978/79. The station is located on the northwestern tip (62°13′ S, 58°47′ W) of the Barton Peninsula, King George Island, South Shetland Islands, West Antarctica.

The annual mean temperature of King Sejong Station is -1.7°C (28.9°F). The lowest recorded temperature was −25.6°C (−14.1°F) on July 24, 1994. Monthly mean temperature was above 0°C (32°F) from December to March. The highest recorded temperature was 13.2°C (55.8°F) on January 24, 2004. Frequent severe blizzards occurred in June, July and August. Despite the fact that station is a relatively young station for meteorological statistics, an annual mean temperature rises of 0.6°C (1.08°F) has been noted each decade since 1988. The annual mean wind speed is 7.9m/s (15.4kn). The maximum recorded wind speed was over 50.0m/s (97.3kn) on April 20, 2008, though this was not observed as it exceeded the range of the anemometer. Typical precipitation ranges are from 220.6 mm (7 ft 3 in) in

2008 to 779.8 mm (25 ft 7 in) in 1995 with a mean value of 468.6 mm (15 ft 4 in). Although not a common occurrence, Marian Cove and Maxwell Bay, in the sea near the station have frozen to a thickness of 60 cm (2 ft) in the austral winter, experiencing particularly harsh and long freezes in the 1990s. The ice cliff at Marian Cove has retreated by more than 1 km (0.7 mile) since December 1956, with an acceleration of this phenomena in the 1990s and 2000s, suggesting a recent acceleration of global warming.

Two species of flowering plants flourish in the vicinity of the station. One of them, Antarctic hair grass (*Deschampsia antarctica*) succeeds particularly along the southern coast of the Barton Peninsula. Two species of penguins, *Pygoscelis papua* and *P. antarctica* along with several species of birds including *Macronectes giganteus*, *Sterna vittata*, *Larus dominicanus*, and two species of skua breed in summer just 1.6 km (1 mile) south of the station, in an area designated as of Antarctic Specially Protected Area No. 171. All types of seals except the Ross seal are observed around the station.

Global warming is easily observed at the station. Evidence of this exists in the aforementioned decadal rises of the mean temperature occurring since 1988 and in the acceleration of the retreat of the ice cliffs at Marian Cove. It is also seen in the behavior of birds such as penguins. For example, the appearance of the King penguin *Aptenodytes patagonica* in February of 2006 and the disappearance of the Emperor penguin *Aptenodytes forsteri* previously seen on the frozen Maxwell Bay in the austral winters of 1991 and 1995 are possible indications of global warming around the station.

A couple of suggestions for a new station to be established by 2014 on the mainland of Antarctica were discussed.

This report was based on the observation and research of numerous scientists involved in Korea Antarctic Research Program. The author was involved in the program as a geologist since the Korea Antarctic Expedition organized by the Federation of Korean Sea Scouts carried out at King George Island, the South Shetland Islands, West Antarctica in Nov./Dec.

1985.

Four winterings were personally made as the officer-in-charge of the station in Feb. 1988/Feb. 1989, Nov. 1990/Jan. 1992, Nov. 1994/Dec. 1995, and Nov. 2000/Dec. 2001. Experiences of various summer campaigns in the vicinity of the station were also added.

Deep thanks are extended to all the domestic and foreign scientists involved in Korea Antarctic Research Program and the families of the author. Without their acceptance and support, winterings were not possible.